人工智能趋势下的
工程科技人才培养探究

李耀平　杨会科　段宝岩　编著

西安电子科技大学出版社

内 容 简 介

面对世界百年未有之大变局，我国工业制造正经历着转型升级、迭代发展、突破瓶颈的关键时期。基于国家"十四五"规划及 2035 年远景目标需求，科技创新与产业发展亟须一大批工程科技高端创新人才，以支撑科技创新的自立自强。在人工智能的发展趋势下，如何培养具有世界一流水平的工程科技高端人才，振兴我国先进制造业，实现工程科技的新跨越，是一个亟待解决的重要问题。

本书以面向人工智能发展趋势的需求为背景，研究我国工程科技人才的培养，特别是高端人才培养的策略、模式、路径，探究高端创新人才在知识、能力、思维、行为、素质等多方面的综合发展内涵，为前沿工程科技人才的培养提出建议。

图书在版编目(CIP)数据

人工智能趋势下的工程科技人才培养探究 / 李耀平，杨会科，段宝岩编著. -- 西安：西安电子科技大学出版社，2024.5
ISBN 978-7-5606-7251-9

Ⅰ. ①人… Ⅱ. ①李… ②杨… ③段… Ⅲ. ①技术人才—人才培养—研究—中国 Ⅳ. ① G316

中国国家版本馆 CIP 数据核字(2024)第 071208 号

策　　划　高维岳　邵汉平
责任编辑　许青青
出版发行　西安电子科技大学出版社(西安市太白南路 2 号)
电　　话　(029) 88202421　88201467　　邮　　编　710071
网　　址　www.xduph.com　　　　　电子邮箱　xdupfxb001@163.com
经　　销　新华书店
印刷单位　陕西精工印务有限公司
版　　次　2024 年 5 月第 1 版　2024 年 5 月第 1 次印刷
开　　本　787 毫米×1092 毫米　1/16　印张 8.5
字　　数　86 千字
定　　价　45.00 元
ISBN　978-7-5606-7251-9 / G

XDUP 7553001-1
如有印装问题可调换

前　言

　　人工智能是一种前沿颠覆性技术，在其发展过程中，经历了两次高潮、两次低谷。从 20 世纪末到 21 世纪初，人工智能在算力、算法、大数据等要素的支撑下，呈现出新的爆发式增长趋势，对工程科技创新、传统制造转型、经济社会发展产生了巨大影响。全球主要制造强国和制造大国，如美国、中国、英国、德国等，纷纷布局人工智能技术和产业发展，抢占发展的先机。

　　在人工智能视域下，我国工程科技面临解决"卡脖子"瓶颈问题、增强原始创新能力、提升核心竞争能力的重大挑战，亟待在工程科技的原理探索、技术突破、产业发展等方面取得新进展，迫切需要一大批工程科技高端人才给予重要支撑。我国的人才紧缺现象主要集中在高端设计研发领域、制造业十大重点领域、智能制造以及人工智能领域等。科技领军人才和拔尖创新人才紧缺，已经成为制约我国先进制造发展的主要问题。同时，工程科学家、卓越工程师、能工巧匠、大国工匠等不同层次的科技领军人才、拔尖创新人才科学、合理的体系构建也是亟待解决的问题。

　　我国工程科技高端人才的培养，需要在学习借鉴世界发达国家的创新人才培养经验、模式的基础上，结合工业制造转型升级、迭代发展以及数字化、网络化、智能化前沿方向的实际需要，积极探索适应新时代中国制造发展特色的自主创新之路，充实高端人才知识、能力、素质等重要的"知行"内涵，特别是要充分利用"人工智能＋制造""人工智能＋教育"的重要应用场景，真正解决人工智能技术落地的关键问题，推动工程教育的新时代变革，为工程科技创新、先进制造发展提供坚实的高端人才支撑。

本书在分析人工智能发展态势的基础上，结合当前我国工程科技创新的重大需求，提出工程科技高端人才培养的重要意义，对标国际先进工程教育模式，剖析我国工程科技高端人才培养的现状与不足，探索高端人才"知行"内涵构建及培养模式，以及机制变革的路径、方法，为我国工程科技高端人才培养提供参考。

目　录

第一章 人工智能的颠覆性与创新人才培养变革

一、人工智能的颠覆性

人工智能(Artificial Intelligence, AI)是一项具有巨大变革作用的前沿技术，迄今为止其发展已经历了 60 多年的时间，其间有过两次高潮与两次低谷的波折起伏，现处于第三次浪潮的爆发阶段。当前，在全球新一轮科技与工业革命到来之际，智能制造、大数据、云计算、工业互联网等迅猛发展，人工智能的崛起掀起了深度学习、跨界融合、人机协同、类脑智能等新趋势，将对未来社会的生产、生活产生重大影响。人工智能已成为世界各国争先布局的前沿战略方向，显示出前所未有的影响力、辐射力和渗透力。

(一) 人工智能的发展概况

人工智能是在计算机技术的基础上发展起来的。在经历了萌芽期、20 世纪 50—60 年代第一次高潮、20 世纪 70 年代第一次低谷、20 世纪 80 年代第二次高潮、20 世纪 90 年代第二次低谷之后，从 21 世纪开始进入平稳发展阶段，2016 年迄今呈现出新的增长势头，成为全球科技前沿最具代表性的颠覆性技术之一。

1. 萌芽期

1946 年，世界上第一台通用计算机——电子数字积分计算机 (Electronic Numerical Integrator And Computer，ENIAC)诞生。之后，冯·诺伊曼提出数字计算机的基本结构，即冯·诺伊曼体系结构。1950 年，马文·明斯基与邓恩·埃德蒙共同研制了世界上第一台神经网络计算机，开启了人工智能发展的萌芽。同时，被誉为"计算机之父"的阿兰·图灵提出了著名的"图灵测试"，大胆预言了机器具有智能的可行性。

2. 第一次高潮

1956 年，一批学者在位于美国新罕布什尔州的汉诺斯小镇的常春藤名校达特茅斯学院召开会议，计算机专家约翰·麦卡锡提出了"人工智能"一词。之后，约翰·麦卡锡从达特茅斯学院搬到了麻省理工学院(MIT)，同年，马文·明斯基也搬到了这里，他们两个人共同创建了世界上第一个人工智能实验室——MIT AI LAB，最早的一批人工智能学者和技术开始涌现。达特茅斯会议被普遍认为是人工智能诞生的标志。

达特茅斯会议之后，人工智能迎来了十余年的第一次发展高潮。1959 年，美国发明家乔治·德沃尔与约瑟夫·英格伯格发明了首台工业机器人，该机器人借助计算机读取存储程序和信息，发出指令控制一台多自由度的机械。1964 年，美国麻省理工学院 AI 实验室的约瑟夫·魏森鲍姆开发了伊莉莎(Eliza)聊天机器人，实现了计算机与人通过文本进行交流。1968 年，美国斯坦福研究所(SRI)研发出首台人工智能机器人夏凯(Shakey)，它能够自主感知、分析环境、规划行为并执行任务，拥有类似人的触觉、听觉等。在那段时间里，计算机被广泛应用于数学、自然语言领域来解决代数、几何和英语问题，让很多学者看到了机器向人工智能发展的趋势。

3. 第一次低谷

20 世纪 70 年代，由于科研人员在人工智能研究中对项目难度预估不足，美国国防部高级研究计划局(DARPA)研制任务失败，人工智能的发展蒙上了阴影。当时，人工智能面临的技术瓶颈主要有：第一，计算机性能不足，这导致很多程序无法在人工智能领域得到应用；第二，设定的程序主要是解决特定问题的，而特定问题对象少，复杂性低，问题一旦上升维度，其复杂性无法解决，程序马上就不堪重负；第三，数据量严重缺失使得没有足够大的数据库来支撑程序进行深度学习，这导致机器无法读取足够量的数据实现智能化。因此，人工智能跌入低谷。

4. 第二次高潮

1980 年，卡内基梅隆大学为数字设备公司设计了一套名为 XCON 的专家系统，这是一个采用人工智能程序的系统，是一套具有完整专业知识和经验的计算机智能系统，可简单理解为"知识库＋推理机"的组合。这套系统在 1986 年之前为公司每年节省超过 4 000 万美元，之后衍生出了 Symbolics、Lisp Machines、IntelliCorp 和 Aion 等硬件、软件公司。1981 年，日本率先拨款支持第五代计算机的研发，其目标是制造出能与人对话、翻译语言、解释图像并能推理的机器。1984 年，大百科全书(Cyc)项目启动，该项目试图将所有知识都输入计算机，建立一个巨型数据库，并在此基础上实现知识推理。同时，神经网络、模糊控制兴起，人工智能的第二次浪潮涌起。

5. 第二次低谷

20 世纪 90 年代，苹果公司和 IBM 公司生产的台式机性能均超过了 Symbolics 等厂商生产的通用计算机，专家系统风光不再。由于计算机硬件的限制，专家系统知识共享出现瓶颈，神经网络发展受阻，人工智能再次陷入低谷。

6. 第三次高潮

20 世纪 90 年代以来，互联网推动了人工智能的新发展，人工智能的开发研究由之前的个体人工智能转换为网络环境下的分布式人工智能，霍普菲尔德(Hopfield)多层神经网络模型的提出，使人工神经网络研究与应用再度涌现。1997 年，IBM 公司的国际象棋电脑深蓝(Deep Blue)战胜了国际象棋世界冠军卡斯帕罗夫，其运算速度为每秒 2 亿步，同时它存有 70 万份大师对弈棋局数据。2011 年，IBM 开发的人工智能程序沃森(Watson)参加了一档智力问答节目并战胜了两位人类冠军，其存储的 2 亿页数据能将与问题相关的关键词从看似相关的答案中提取出来。2016 年，阿尔法围棋(AlphaGo)战胜世界围棋冠军，它能够搜集大量围棋对弈数据，学习并模仿人类下棋。迄今为止，以云计算、大数据、物联网、边缘计算、智能传感等为代表的技术研发，以及人工智能在能源、制造、农业、交通、医疗、环保、金融等领域的广泛应用，为人工智能的未来发展提供了广阔的应用场景，人工智能开始进入一个新的爆发期。

如今，人工智能作为一门自然科学、技术科学与社会科学交叉的前沿学科，涉及哲学、数学、计算机科学、神经生理学、心理学以及控制论、信息论、不确定性理论等众多学科领域，其技术被认为是 21 世纪的三大尖端技术(基因工程、纳米科学、人工智能)之一，占据着重要的战略地位，成为全球主要国家优先布局、抢占发展先机的重要方向。

(二) 人工智能的全球战略

基于人工智能技术的典型特征以及面向未来发展应用的无限可能性，美国、中国、英国、加拿大等国家纷纷加快重点战略布局，抢占人工智能发展的先机。全球主要国家在人工智能方向的战略布局如表 1-1 所示。

表 1-1　全球主要国家在人工智能方向的战略布局

国家	时间	相 关 政 策
美国	2016 年 10 月	《国家人工智能研究和发展战略计划》
		《为人工智能的未来做好准备》
	2016 年 12 月	《人工智能、自动化与经济》
	2018 年 5 月	《白宫 2018 人工智能峰会纪要》
	2019 年 2 月	《保持美国在人工智能领域的领导地位》
		《美国人工智能计划》
	2020 年 10 月	《关键与新兴技术国家战略》
	2021 年 3 月	《人工智能国家安全委员会最终报告》
	2022 年 6 月	《负责任的人工智能战略和实施路径》

续表

国家	时间	相 关 政 策
中国	2016 年 3 月	人工智能写入《中华人民共和国国民经济和社会发展第十三个五年规划纲要》
	2016 年 5 月	《"互联网+"人工智能三年行动实施方案》
	2017 年 7 月	《新一代人工智能发展规划》
	2017 年 12 月	《促进新一代人工智能产业发展三年行动计划(2018—2020)》
	2018 年 1 月	《人工智能标准化白皮书(2018 版)》
	2020 年 7 月	《国家新一代人工智能标准体系建设指南》
	2021 年 7 月	《新型数据中心发展三年行动计划(2021—2023 年)》
	2022 年 4 月	《人工智能白皮书(2022 年)》
英国	2016 年 9 月	《机器人技术与人工智能》
	2017 年 10 月	《在英国发展人工智能产业》
	2018 年 4 月	《英国人工智能发展的计划、能力与志向》
		《产业战略——人工智能领域行动》
	2021 年 9 月	《国家人工智能战略》
加拿大	2017 年 3 月	《泛加拿大人工智能战略》

1. 美国

从各国的战略布局看,美国作为科技与制造强国,十分重视人工智能领域的战略发展。2016 年 5 月,白宫专门成立了机器学习与人工智能分委会(MLAI),其专门负责跨部门协调人工智能的研究与发展工作,后来组织编写了《为人工智能的未来做好准备》,并指导与其同一级别的网络与信息技术研究发展分委会(NITRD)编写了《国家人工智能研究和发展战略计划》,而《人工智能、自动化与经济》报告则是在总统行政办公室(EOP)和 MLAI 共同推动下完成的。2020 年 10 月，美国白宫发布《关键与新兴技术国家战略》，确定了人工智能、自主系统、通信和网络技术、量子信息科学等 20 个关键与新兴技术领域为优先发展领域。2021 年 3 月，美国国家人工智能安全委员会(NSCAI)发布报告，阐述了在人工智能时代赢得竞争的战略并提供了行动蓝图。2022 年 6 月，美国国防部发布《负责任的人工智能战略和实施路径》，阐明了国防部如何利用人工智能的框架，制定了实施人工智能的基本原则。

这些报告和政策，是美国为积极应对全球人工智能蓬勃发展的大趋势提出的主动预见和加强战略布局的重要举措。美国分析研判了人工智能对经济增长、教育就业、社会问题、国家安全等方面的重大影响，确立了整体发展框架体系，即推动软硬件系统演进，开发人机协作智能系统，推动优先发展行业应用以及预防可能性风险，构建良性研发基础环境等。而美国长期以来在计算机、智能科学与技术方面的深入研究以及企业界在人工智能领域的成效，使美国汇集了诸如谷歌、Facebook、微软、IBM、亚马逊等一大批 IT 及互联网企业，为美国人工智能战略的推进提供了深厚的基础支撑。

2. 中国

我国具有发展人工智能技术和产业的良好基础，加之近些年来加紧推进智能制造、"互联网+"、人工智能行动计划的战略布局，人工智能领域的研发和应用取得了明显进展。人工智能从 1.0 向 2.0 逐步推进，语音识别、视觉识别技术处于领先地位，深度学习、专家系统、混合智能、类脑计算、量子智能、人机协作、工业机器人、工业互联网不断发展，智能制造、无人驾驶、智慧农业、金融商务、教育医疗、政务司法、生态环保、国防军事等各种重要应用场景全面推开，人工智能标准化研制进展迅速，智能化基础设施建设势头强劲，国家在战略层面为加快人工智能技术与产业发展开辟了新的道路。2020 年 7 月，中央网信办等五部门联合发布的《国家新一代人工智能标准体系建设指南》提出，到 2021 年，明确人工智能标准化顶层设计，研究标准体系建设和标准研制的总体规则。2021 年 7 月，工业和信息化部发布的《新型数据中心发展三年行动计划(2021—2023 年)》提出，推动新型数据中心与人工智能等技术协调发展，构建完善的新型智能算力生态体系。2022 年 4 月，中国信息通信研究院正式发布的《人工智能白皮书(2022 年)》全面回顾了 2021 年以来全球人工智能在政策、技术、应用和治理等方面的最新动向，重点分析了人工智能所面临的新发展形势及其所处的新发展阶段，全面梳理了当前人工智能的发展态势。

3. 欧洲

欧盟曾于 2013 年提出人脑计划(Human Brain Project，HBP)研究项目，计划斥资近 12 亿欧元，为期 10 年，旨在通过计算机技术模拟人的大脑，建立一套全新的生成、分析、整合、模拟数据的信息通信技术平台。英国自 2016 年出台了一系列机器人和人工智能发展战略，也在积极推进传统工业与人工智能的紧密融合，抢占未来先进制造的发展机遇。2021 年 9 月，英国政府发布的《国家人工智能战略》阐述了其人工智能战略愿景，致力于为英国未来十年人工智能的发展奠定基础。

总体来看，人工智能正在全球掀起新一轮的发展高潮，人工智能给传统生产、生活带来了颠覆性的革新。

(三) 人工智能的内涵特征

纵观人工智能技术与产业的发展，从"两起两落"到弱人工智能的爆发，从算力、算法增强到大数据、工业互联网的广泛推广与应用，从感知机、单层感知网络(MP)、误差反向传播算法的多层神经网络(BP)到深度卷积神经网络(Deep CNN)的不断演进，机器学习、深度学习正在从感知智能向认知智能的方向迈进，为未来创造性智能的诞生奠定坚实的基础，弱人工智能必将不断走向强人工智能、超人工智能，在类脑计算、边缘计算、脑机接口、人机融合等方面开辟新的方向和领域。此外，人工智能与数字化、网络化、智能化制造的紧密融合，使先进制造的迭代发展获得了更为有力的技术支撑，对工程科技的创新发展具有重要意义。

1. 颠覆性技术

颠覆性技术的概念，源于 20 世纪 90 年代美国学者克里斯坦森在其著作《创新者的窘境》中提出的"颠覆性创新"一词，主要指商业模式区别于以往线性的持续性发展的破坏性改变，它往往从低端或边缘市场切入，以简单、方便的初始优势逐渐进入主流市场，开辟出新领域，形成新的价值体系，继而全面改变传统的发展格局。之后，这一概念被借鉴到军事领域，主要指改变未来战争游戏规则、快速打破对手间军力平衡的新技术，从而带来整个战争竞争模式的改变。颠覆性技术在经济、军事、政治、工业制造等领域产生了重大影响，美国、日本、俄罗斯等国出台了一系列举措，如美国国防部高级研究计划局的前瞻性创新研究、日本颠覆性技术创新计划、欧洲联合颠覆倡议、俄罗斯先期研究基金会先期研究项目等。

人工智能是在计算机科学技术的基础上发展起来的，在工业制造 1.0 到 4.0 的发展进程中，是从机械化、电气化、自动化向智能化迈进的重大转折点。大数据、云计算、移动互联网、智能制造、5G、工业互联网的快速发展，推动人工智能技术和产业迅速发展，对国民经济、实体制造、社会生活等诸方面产生了深刻影响。人工智能的应用场景越来越广泛，在城市管理、智慧交通、工业农业、政务司法、商业金融、教育医疗、家居生活等方方面面不断延伸拓展，对未来人类社会生产生活乃至发展模式将产生具有颠覆意义的推进作用。其具体表现如下：

(1) 从人类社会制造活动的历史来看，人工智能能够提升脑力劳动的价值功能。机械化提高了劳动效率，扩大了生产规模，延伸了人类四肢的功能，让人本身从体力劳动中得以解放，为社会制造开辟了工业发展的第一次机遇。电气化激发了更高维度的能源动力革命，以电力驱动的工业制造、生产生活更加稳定、便捷、环保、可持续，继而进一步强化了社会分工与劳动协作，使大规模工业制造发生了质的飞跃。自动化是在机械化、电气化发展的基础上，以计算机技术、电子信息技术赋能工业制造，提高了大规模生产制造的数字化水平，通信、计算、控制成为核心技术，工业制造的软件系统在硬件发展的基础上不断显示出更为重要的主导地位与作用，计算机辅助人类制造的能力得以充分彰显，工业机器人、自动化生产线、计算机辅助制造等使工业制造的脑力劳动与机械劳动有机结合，生产效率显著提高，制造质量与水平持续提升。智能化是未来制造的发展方向，在数字化、网络化发展的基础上，构筑 CPS(信息物理系统)，通过数字孪生、工业互联网、传感网、大数据、5G/6G、VR(虚拟现实)、AR(增强现实)、MR(混合现实)以及人机协作、人机融合、人机共生，高度模仿人的知识学习智能、分析推理智能、判断决策智能等，同时发挥群体智能、大数据智能、跨媒体智能乃至自主智能的最大效力，使人工智能在先进制造的发展中迸发出新的驱动力，推进人类社会制造的历史重构与重大变革。

(2) 从当前全球科技发展的热点来看，人工智能有望构架起人机深度融合发展的崭新体系。新一轮科技与产业革命掀起了移动互联网、云计算、大数据、物联网、工业互联网、3D 打印、纳米技术等的蓬勃发展，新一代信息技术、生物技术、新能源、新材料全面融入先进制造的诸多领域，人、机器、信息物理系统之间的关系愈发紧密，跨越界限的交互、连接、共生愈发宽广，机器部分代替脑力劳动，并在算力、算法、算量以及与大数据、深度学习等结合上取得显著进展，在特定的条件下显示出超越人脑记忆、计算、整合、处理机能的特殊能力。人工智能技术迅猛发展，人机协作、人机共融乃至人机共生不断向纵深迈进，这对于构建新的人机深度融合体系具有重要的颠覆性意义。

(3) 从未来世界创新竞争的趋势看，人工智能将有可能占据国家战略与社会发展的领先地位。当前，全球主要国家纷纷布局人工智能发展战略，抢占未来发展先机，以美、中为代表的世界主要国家在人工智能领域展开了新一轮技术创新与产业发展的竞争。美国在智能科学与技术上具有先发优势，科学界、企业界长期以来在人工智能方面积淀了深厚基础，汇聚了拔尖人才。例如，Google 的 Brain 拥有 1 300 多人的顶尖团队，DeepMind 有由 400 多名跨国科学家组成的团队；MIT-IBM(沃森人工智能实验室)的总部有 600 名 AI 员工，全球有 2 000 多名 AI 员工。我国在基础理论、核心算法、高端芯片、元器件、软件与接口等方面与美国有较大差距，同时在拔尖人才方面也与美国有一定的差距。人工智能不仅是未来具有颠覆性的技术，更在行业应用上具有广阔前景，对增强国家综合竞争实力有重大意义，是必须重点布局的战略方向。

2. 演进式发展

从人工智能的发展历史来看，其技术与产业演进式发展的特点尤为突出，也只有当计算能力、大数据、专家系统、机器学习、深度学习、神经网络算法、计算机视觉、图像识别、自然语言处理等技术以及更为显著、广泛的应用场景得到显著提升后，人工智能的爆发期才会真正到来。在这一过程中，各项技术的协同发展为人工智能的成长、成熟奠定了坚实基础。

人工智能的下一步发展，总体上将从弱人工智能向强人工智能迈进，实现从感知智能向认知智能的提升，孕育诞生新的创造性智能，甚至有望实现超人工智能。从其发展的核心技术看，算力性能是基础，算法是助推器，大数据如知识库、专家系统等成为智能升级的重要支撑，物联网(人、机、物融合)、工业互联网(先进感知与智能制造)等构筑起人工智能发展的庞大系统和基础设施，它们为人工智能技术的持续演进提供了必备条件。随着 AI 芯片的大规模落地，AI 工厂不断涌现，产业化助推 AI 发展，深度学习及自动化机器学习(AutoML)规模化应用，多模态深度语义理解，5G 和边缘计算的发展，区块链技术与 AI、大数据、物联网、边缘计算的深度结合，类脑计算、脑机接口乃至量子计算的新一轮爆发，都将为 AI 技术的迭代协同提供有力支撑，推动这一颠覆性技术向着纵深挺进。

3. 应用型融合趋势

人工智能的发展与信息技术的演进密不可分，与应用场景、产业发展的延伸拓展紧密关联。当前弱人工智能的历史性爆发，与其在生产、生活中的广泛应用有着重要的关系，其颠覆性技术的普遍意义也正在于其对各行各业具有广泛渗透作用。

从全球"新冠"疫情防控来看，人体体温快速检测、疫情监测与分析、人员物资管控、疫苗药品研发等突如其来的任务，使人工智能技术得到前所未有的淬炼，也为其发展提供了广阔舞台。同时，以人工智能为代表的新技术赋能新业态、新模式，为全球经济复苏注入强劲动力，将为智能制造的发展、生产生活模式的变革提供具有重要转折意义的产业支撑。人工智能融合了计算机、电子信息技术、脑科学、医学、数学统计、人文社会学等多学科，既发展基于算力与网络基础的数字化软硬件系统，也深耕专家系统、知识库、经验库等大数据平台体系，在制造、医疗、交通、政务、金融、物流、教育、文旅等领域得到广泛应用。目前，各国致力于开发智能制造、智慧医疗、无人驾驶、智能管理服务、智慧教育等各行各业的人工智能应用，使人工智能技术的融合趋势得到更快发展。

据测算，截至 2022 年底，我国人工智能核心产业的规模超过 4 000 亿元，企业数量超过 3 000 家。而德勤发布的《全球人工智能发展白皮书》预测，到 2025 年，世界人工智能市场的规模将超过 60 000 亿美元。面对人工智能推动下的数字经济发展机遇，应用融合将成为人工智能未来发展的必然趋势。

二、工程科技创新

人工智能改变着生产、生活的现有方式，给经济业态、产业结构、文化教育、社会治理等带来新挑战，重塑着工业制造、农业生产、交通运输、金融商务、医疗教育、城市家居等方方面面的发展方式，重构着生产、分配、交换、消费等各个环节，不断衍生出新的技术产品与业态模式。同时，它也带来了工程及其他领域在就业、伦理和法律等方面的风险，以及安全性、可靠性、复杂特征演变预测等问题。所有这些，无不对工程科技创新提出了严峻挑战。

（一）工程

1. 内涵与外延

工程是人类改造自然、重构世界、重塑社会的一种重要活动，是基于科学原理，运用各种各样的技术，对自然界物质、能源、信息以及装备、工具、产品等要素进行具体加工、制造、管理，以适应社会生产力发展需要、改善社会关系的总体改造更新过程。

工程所涉及的学科十分广泛，主要有数学、物理、化学、信息、机械、能源、动力、材料、土木、水利、建筑、生物、医药、农业、环境、管理等，其主要职能包括研究、开发、设计、制造、生产、运行、管控等环节。

2. 科学、技术与工程

工程与科学、技术既有区别也有联系。简单来说，科学是人类对客观世界(包括自然世界、人类社会和人本身)的本质及其运行规律进行认识和探索的活动，其主要目的在于发现；技术是探索世界和改变世界的手段、方法，其主要目的在于改变和重构；工程则是运用科学发现的原理、技术的手段和方法来实现系统改变和整体重构的活动，其主要目的是创造出新的事物以适应人类发展的需求。

从科学、技术、工程的概念来看，存在不同之处。

(1) 科学(science)：源于拉丁文 scientia，是人类在认识世界的过程中通过观察、发现、探索、试验、实践并经总结积累而形成的知识体系。

(2) 技术(technology)：源于希腊文 techne 和 logos，是人类改造世界的手段、工具、方法的统称。

(3) 工程(engineering)：源于拉丁文 ingenerare，是应用科学和技术知识为改造世界所进行的工作或所采取的方法、措施，从而实现系统和整体的再造。

这三者之间的区别如表 1-2 所示。

表 1-2　科学、技术、工程的区别

类别	科　学	技　术	工　程
目标任务	认识世界、揭示规律 "是什么""为什么"	改造世界、改进生产 "做什么""怎么做"	目标牵引、方案实施 蓝图→现实，即"做成什么"
过程方法	探索本质规律、形成理论 从认知到理论 归纳、演绎、推理、实验	找到解决问题的方法手段 从理论到实践 发明、研究、试验、验证	确立目标、实现方案 从创意到实施 调查、设计、执行、管理
成果评价	形成知识体系 公共性、共享性	运用知识的方法 实用性、实践性	知识、技术的综合应用 应用性、现实性

科学、技术、工程三者之间又具有以下联系。

(1) 科学重发现、追求真理。科学是技术的思想和理论源泉。

(2) 技术重发明、实现突破。技术为科学提供工具，是实现检验科学理论正确性的一种重要途径和手段。

(3) 工程重应用、实现目标。工程不仅包含科学知识，还包含技术手段，科学、技术是工程的基础，工程是科学、技术的具体实践和系统整合、应用。

(二) 工程科技创新

1. 工程科技

工程科技是工程实施中的科学问题、关键技术在现实生产力创造中的综合应用，工程科技的创新对于提高生产力、改善生产关系具有重要意义。在我国"两弹一星"、三峡大坝、载人航天、探月工程、"中国天眼"、北斗导航、载人深潜等重大工程实施中，自主科技创新为制造强国的发展提供了有力的支撑。工程科学问题的突破、核心技术的创新、高端装备制造的发展，无不推动着工程科技向着更高水平、更好质量不断迈进，创造了一个又一个"奇迹"。

2016 年，习近平总书记在"科技三会"上强调"工程科技是推动人类进步的发动机，是产业革命、经济发展、社会进步的有力杠杆"。2020 年 10 月，党的十九届五中全会通过了《中共中央关于制定国民经济和社会发展第十四个五年规划和二〇三五年远景目标的建议》，强调把科技自立自强作为国家发展的战略支撑，加快推进科技创新，提出了"四个面向"(面向世界科技前沿、面向经济主战场、面向国家重大需求、面向人民生命健康)，深化建设科技强国。在工程科技的战略发展方向上，人工智能、量子信息、集成电路、生命健康、空天科技、深地深海等前沿领域，以及新一代信息技术、生物技术、新能源、新材料、高端装备等战略性新兴产业将成为重点，工程科技创新面临着重大挑战，也孕育着重要的战略机遇。

2. 工程科技创新

工程科技创新源于工程实践演进发展的需要，创新的意义就在于改变传统、重塑现在、创造未来，而影响创新的主要因素是技术突破、产业发展、管理统筹、人才支撑。

(1) 技术突破是工程科技创新的源泉。从历史变革看工业革命的发展轨迹，蒸汽机技术、内燃机技术、纺织机技术、电力能源技术的发明直接带来了全球范围的工业革命，推动着工业 1.0、2.0 的时代演进；而计算机技术、信息技术、互联网技术、生物技术、量子科技、纳米技术以及新能源、新材料、人工智能等新兴技术、颠覆性技术的发展，则为工程科技的升级、革新提供了源泉与动力，推动着工业 3.0 向 4.0 迈进。技术发明的每一次进步，都会带来工程科技的巨大变革。在工程科技创新中，技术突破是首要前提。

(2) 产业发展是工程科技创新的土壤。没有产业的发展，先进的技术就不能更好地转化为生产力，也就不能为改变生产、生活做出贡献。近些年，我国高端装备制造业、战略性新兴产业的发展，不仅使国家制造实力得到了显著提升，更为工程科技创新提供了肥沃的土壤和广阔的需求，孕育着先进技术、工程原理、创新思想、工程实践的新突破。而"新冠"疫情后全球供应链的格局变化更为我国芯片制造、知识型工业软件、高端电容电阻、传感器、数字信号处理器(DSP)、机电液旋转关节、机器人减速器和控制器等关键基础件和部件的自主发展提出了挑战。高端制造所涉及的材料、装备、工艺以及设计、制造、测试等，不仅需要自主核心技术，更需要成体系、成系统的产业行业支撑，工程科技创新离不开产业发展的深厚土壤。

（3）管理统筹是工程科技创新的关键。技术发展离不开产业、经济和社会环境，这种综合条件和环境的变化，更为技术研发的更新带来了巨大的推动力。在产业发展和经济环境的构建中，管理统筹则是技术实现、产业经营、社会发展的重心，对工程科技创新发挥着非常关键的促进作用。1913 年，亨利·福特和他的团队推出了全球第一条汽车流水生产线，简化了福特 T 型车的组装流程，将原来涉及 3 000 个组装部件的工序简化为 84 道工序，为汽车批量生产带来了历史性变革，每辆车的生产时间从原来的 12 小时缩短为 90 分钟，售价从 850 美元降到 300 美元以下，可见管理创新带来了工业制造的革命。钱学森曾说："研制导弹，三分靠技术，七分靠管理。"他回国后创建了我国第一个运筹学研究组。1962 年，《国防部第五研究院暂行条例》颁布试行，《条例》集中体现了钱学森航天系统管理的思想，如建立总体设计部，他还将运筹管理的思想成功运用于军事装备研制中。1978 年 9 月 27 日，他在《文汇报》发表《组织管理的技术——系统工程》，阐发了运筹管理的核心思想。这样的例子举不胜举，而在人工智能发展趋势下，对工业互联网、大数据、柔性制造、智能制造、节能环保等系统的管理统筹已经跃升到一个全新的阶段，给工程科技创新带来了难得的发展机遇。

（4）人才支撑是工程科技创新的核心。工程科技创新最根本的要素是人才，人才的培养、教育、成长是工程教育发展的重要职责与使命。只有获得人才培养的持续支持，工程科技创新才能得到源源不断的动力。工程科技人才的培养，与工程教育发展的历史紧密衔接。与工业 1.0 和 2.0 相适应的传统的"知识传授＋技术研究＋社会服务"的模式，正在信息技术、人工智能技术的颠覆性发展推动下，向着工业 3.0 和 4.0 的数字化、网络化、智能化方向转型升级。同时，随着新材料、新装备、新能源、新工艺的不断迭代更新，人才的知识获得、能力训练、素质养成等均发生了前所未有的改变，工程科技的创新对人才思维、创意、实践、执行等能力的需求也发生着重大变革，工程科技的创新更加迫切地需要人才培养模式的改变，需要工程教育模式的革新。

(三) 人工智能趋势下的工程科技发展

人工智能技术与产业的发展，给工程科技创新带来了巨大改变。人工智能从本质上看，是通过模拟、运用类人脑的机制、技能来赋予机器或系统以更高级的计算、分析、推理、判断、整合、优化等数值计算、机器逻辑、数据处理、态势分析、趋势判断等能力，从而进一步扩展到边缘计算、类脑计算、深度学习、自主学习、机器智能等更接近人脑机能的层面，算法、算力及数据的跃进推动着人工智能的"智力"提升。而机器"智能化"的演进，不仅有望代替或超越人类大脑技能的部分功能，更在诸多行业的创新发展中得到广泛的推广应用，智能制造、智能交通、智慧医疗、智能司法、智慧农业、智慧教育等各行各业的未来发展，都将在人工智能的渗透和影响下发生前所未有的颠覆式变革，而全球工程科技的发展也将深受人工智能的深刻影响，在体系、模式、生态、方法上发生重大改变。

(1) 工程科学的系统建构将优化整合。

工程本身就是一个综合性很强的复杂系统，在工程科技发展的进程中，工程科学的工程系统问题、运筹控制分析、要素集成协同、过程执行管理等，不仅要从顶层设计、科学管理、综合集成、协作创新角度予以考虑，更要着手对工程所涉及的资源、材料、装备、工艺、人力、资金等硬件、软件多要素进行系统构建，才能达到工程顺利实施和执行的最佳效果，从而实现结构的整合优化，正如钱学森在《论系统工程》中提出的整体论与还原论辩证统一的工程科学理论，以及定性与定量相结合的综合集成方法。在计算机和人工智能技术不断发展的趋势下，模拟、仿真、数字孪生、算力、算法、大数据以及工业互联网的发展，将使工程创新发生颠覆式的变革，工程发展的潜在变量逐渐增大，工程科学的系统构建也将随之显著变化，进一步的优化整合必将成为可能。

(2) 工程技术的工具支撑将愈发强大。

在人工智能发展趋势下，信息物理系统的构建，数字孪生技术的发展，沉浸式体验、虚拟现实、增强现实、混合现实以及制造智能化体系的革新，将为工程科技发展提供更为强大的计算技术、处理技术、传输技术、存储技术、网络技术、显示技术等，不仅硬件的计算处理能力迅猛增强，软件的实际应用场景也显著拓展，工程技术的信息化、数字化、网络化、智能化程度将获得更快发展，工具性的支撑作用也愈发强大。

(3) 工程科技的领域融合将显著加快。

工程领域涵盖的范围十分广阔，从基础设施建设、装备工具制造、消费产品生产到项目活动组织、行业领域管理，乃至重大行动计划等，都具有工程执行与实施的共性问题和关键通用技术。而人工智能作为一种前沿颠覆性技术，其在工程科技方面同样体现出典型的共性和通用性。从智能制造、智能农业、智能交通、智能医疗、智能教育、智能商务、智能能源、智能物流、智能金融、智能家居、智能政务、智慧城市、公共安全等各个行业领域的需求和发展看，人工智能都有广泛的应用场景和发展潜力，不仅对促进各行各业的智能化具有普遍意义，而且通过对不同领域数据库、模型库的构建，可以大大加快工程科技的领域协同、融合，打破行业知识和经验垄断的格局，推动知识共享、丰富智能系统，提升工程科技智能化的发展能力和水平。

(4) 工程发展的变革创新将成为趋势。

人工智能对于工程科技的重大意义在于通过机器学习、深度学习解放人类的部分脑力劳动，替代并且超越人脑的一些感知、记忆、计算、存储、处理等机能，使人的脑力劳动的重点更集中于思维、思想、创意。同时，在万物互联、大数据、泛在感知等软硬件系统变革升级的基础上，将会诞生出更强的人工智能新技术，新材料、新能源、新装备、新工艺在研发上的不断进展，也为未来超人工智能的前沿发展奠定坚实的基础，让工程发展的未来充满无限可能。

三、创新人才培养的变革

先进技术与新兴产业发展的背后，是强大的工程科技人才支撑，因为人的因素始终是生产力和生产关系中的核心要素。在人工智能的视域下，我国工程科技高端人才培养的重要性和迫切性愈发突出，而要解决人工智能对工程科技创新的需求问题，急需从人才培养的模式、路径、方法等角度出发，破解制约高端人才培养的难题，推动先进制造、数字经济、新兴产业等从数字化、网络化向智能化的不断迈进和跃升。

（一）高端人才培养

1. 高端人才培养的意义重大

高端人才是相对中低端人才而言的。一般来讲，工程科技高端人才是指在工程科技的某个或多个领域发挥着核心作用，具有系统、扎实的理论知识，丰富的工作实践经验以及较强的自主设计研发执行能力，能够独立地提出问题、分析问题、解决问题的工程科技人才。从我国工程科技的发展实际看，高端人才应当是在国家自主核心能力建设方面具有关键支撑作用，能够推进我国高水平、高质量工程建设与发展的拔尖创新人才群体，主要包括工程科学家、卓越工程师以及一流的技术工匠等，他们是国家战略科技力量的优质人力资源、自主创新发展的生力军。

2014 年，习近平在中国科学院第十七次院士大会、中国工程院第十二次院士大会上指出："我国科技队伍规模是世界上最大的，这是我们必须引以为豪的。但是，我们在科技队伍上也面对着严峻挑战，就是创新型科技人才结构性不足矛盾突出，世界级科技大师缺乏，领军人才、尖子人才不足，工程技术人才培养同生产和创新实践脱节。'一年之计，莫如树谷；十年之计，莫如树木；终身之计，莫如树人。'我们要把人才资源开发放在科技创新最优先的位置。"从人才结构上看，工程技术高端人才的培养在我国经济结构转型、工业制造升级、战略前瞻发展中具有十分重大的现实意义。

2. 高端人才培养的政策支持

近些年来，国家在逐步建立完善工程技术高端人才培养体系方面不断发力。

2012 年，中央组织部、人力资源和社会保障部等 11 部门启动实施国家"万人计划"，目标是用 10 年时间遴选 1 万名左右自然科学、工程技术和哲学社会科学领域的杰出人才、领军人才和青年拔尖人才。

2016 年，中共中央印发《关于深化人才发展体制机制改革的意见》，提出加大教育、科技和其他各类人才工程项目对青年人才培养支持力度，在国家重大人才工程项目中设立青年专项；研究制定国家重大项目和重大科技工程等人才支持措施。

2018 年，教育部、工业和信息化部、中国工程院发布《关于加快建设发展新工科实施卓越工程师教育培养计划 2.0 的意见》，提出要加快培养适应和引领新一轮科技革命和产业变革的卓越工程科技人才，培养一批工程实践能力强的高水平专业教师。

2021 年，人力资源和社会保障部印发《关于进一步加强高技能人才与专业技术人才职业发展贯通的实施意见》，指出对为国家经济发展和重大战略实施做出突出贡献，具有绝招、绝技、绝活，并长期坚守在生产服务一线岗位工作的高技能领军人才,采取特殊评价办法,建立职称评审绿色通道,获中华技能大奖、全国技术能手,担任国家级技能大师工作室带头人,享受省级以上政府特殊津贴的高技能人才,或各省(区、市)人民政府认定的"高精尖缺"高技能人才,可直接申报评审正高级或副高级职称。

可以看出,国家对工程科技高端人才高度重视。为吸引和培养一流的工程科学家、卓越工程师以及高技能的专业技术人才,我国制定出台了一系列卓有成效的制度举措,在汇聚大师、培养骨干、加强师资、提高待遇等方面给予了极大的政策支持。而在 AI 发展趋势下,我国不仅急需大量的 AI 人才,而且需要在 AI 与工程科技的深度融合、迭代升级上并重发展,这就为工程科技高端人才的培养与成长提出了新课题——如何将 AI 技术及其产业的颠覆式特征与工程科技拔尖创新人才培养的迫切需求紧密结合。大力推动我国工程制造领域的高水平、高质量发展,将是国家工程教育领域的重大挑战。

(二) 工程教育发展

人才培养的根本在于教育,工程教育对工程科技创新和工程项目发展具有重要的支撑作用。一流的工程教育是孕育高端人才的重要基础,我国工程教育肩负着培养工程科技急需的一流人才的重大使命。

1. 工程教育的国际视野

在全球工程教育发展的体系中,美国、德国、法国、日本等工业强国均发展起了特色鲜明、富有个性、质量一流的工程教育。随着这些国家整体制造进入后工业化时代，工程教育融入信息技术、工业互联网、数字化、信息物理系统等新技术、新内涵的趋势愈发鲜明，并且在回归工程、CDIO(构思、设计、实现、运作)、STEM(科学、技术、工程、数学)教育等新理念、新模式上不断突破，工程教育的发展呈现出颠覆式的增长势头。

而我国工程教育这几十年间，在中国工程实践实际需求的基础上，先是学习借鉴苏联模式，着力培养大批工程技术人才，继而吸收美国工程教育经验，逐步建立起了门类完备、结构完善、适应需求、不断发展的工程教育体系，取得了从中低端向高端迈进的显著进展，为国家的制造业发展、行业振兴提供了有力的人才支撑。

2. 我国工程教育的飞跃式发展

近年来，我国工程教育呈现出飞跃式的发展，具体体现在以下几方面。

(1) 规模稳步扩大，门类趋于完善。近年来，我国工程科技人才以工科、农科、理科三大类为主，基本保持着稳步增长，2021年工科在校生总数 640 多万、理科 120 多万、农科 30 多万。工科细分为 21 类次级学科，其中学生数量排在前三位的分别是电气信息类、机械类、土建类，与我国工程发展的实际需求高度吻合。

理科、工科、农科各年份人数统计如表 1-3 所示。

表 1-3　理科、工科、农科各年份人数统计

年份	学科	毕业生数	招生数	在校生数	预计毕业生数
2021	理科	280 389	326 123	1 272 888	309 334
	工科	1 403 297	1 562 825	6 439 996	1 634 568
	农科	71 879	80 676	315 781	78 620
2020	理科	257 641	306 668	1 180 999	284 168
	工科	1 295 015	1 485 293	5 879 763	1 447 786
	农科	67 365	74 696	293 879	73 160
2019	理科	255 595	295 683	1 135 022	270 346
	工科	1 269 173	1 462 046	5 692 317	1 378 548
	农科	67 537	73 556	288 719	70 119
2018	理科	257 768	287 868	1 103 623	267 491
	工科	1 247 808	1 402 970	5 511 445	1 347 359
	农科	66 641	73 352	283 963	69 842
2017	理科	257 436	281 861	1 085 235	268 919
	工科	1 226 730	1 378 558	5 375 655	1 321 280
	农科	64 499	72 529	279 373	68 656
2016	理科	255 632	273 744	1 077 234	267 564
	工科	1 180 508	1 324 652	5 247 875	1 293 198
	农科	60 908	70 091	275 293	66 866

(2) 结构趋于合理，质量不断提升。我国在成立初期主要学习苏联模式的工程教育，建立了一大批院校，涵盖农业、林业、水利、地质、矿产、石油、钢铁、电力、交通、电子通信等主要行业，加强对各个行业急需的工程科技人才的培养，为我国工业体系的完备健全和自主发展做出了重要的历史贡献。改革开放后，我国工程教育吸收了欧美教育的特点，在通识教育、回归工程上兼收并蓄，呈现出多元化的发展趋势：重视高等教育规模和质量，积极发展职业教育，专业学位研究生、工程博士等新的教育方向获得了市场的认可。工程教育的结构趋于合理并不断优化，教育质量和水平也得到很大提升。

(3) 改革积极进展，创新不断深化。自 2010 年启动《国家中长期教育改革和发展规划纲要(2010—2020)》以来，我国以"卓越计划"为特色的高等工程教育改革全面展开。该计划围绕传统产业、战略性新兴产业急需的工程人才，旨在培养设计开发、科技研发、运行管理等立体式的卓越工程师。其中，截至 2015 年就已有 208 所高校、1 257 个本科专业点、514 个研究生层次学科点参与了该计划，参与人数约 26 万。同时，自 2005 年引进 CDIO 工程教育模式、2012 年成立"CDIO 工程教育试点工作组"以来，在机械、土木、电气和化工四类专业中开展试点，有近 200 所高校参与改革试点。此外，我国于 2006 年启动工程教育认证，2013 年成为"华盛顿协议"预备成员国，2015 年正式成立中国工程教育专业认证协会，当时进行了 570 个专业点的认证，涉及 124 所高校，工程认证取得积极成效。2018 年，教育部、工业和信息化部、中国工程院发布《关于加快建设发展新工科实施卓越工程师教育培养计划 2.0 的意见》，升级"卓越计划"，建设新工科，着力发展我国的工程教育，积极应对全球新一轮的科技与产业革命的挑战。

3. 我国工程教育的发展困境

我国工程教育在发展过程中，虽然取得了显著进展，但也存在一些亟待解决的问题和矛盾。

(1) 供需发展之间的矛盾。20 世纪 90 年代的高等教育旨在扩大规模发展，虽缓解了人才市场供给的资源性矛盾，但也带来了质量和结构方面的新问题。一是近些年就业率有持续走低的趋势，虽然这和全球金融危机的背景以及重振制造业的进展密切相关，但与工程教育本身质量仍需同步提升、与工程实践仍需紧密结合的现实状况也有很大的相关性。二是企业在用人、招人、培训方面的紧缺，特别是在工业企业转型升级的进程中，工程教育的滞后效应有所显现，培养目标、课程设置、职业技能、校企衔接等方面亟待深化、加强。

(2) 目标与模式走向问题。工程教育的门类众多、内涵丰富，行业之间的差别也十分明显。工程教育在加强数理基础、共性知识、通用技能的基础上，必须根植行业、办出特色、校企协作、彰显优势，既强化工程教育的共性，也彰显行业需求的个性。我国大学自扩招以来，在高等教育的综合化、全面化、分层化方面有所强化，但欠缺对工程教育特色发展、多样化发展的高度重视，培养目标、培养模式出现了一些同质化的偏颇，使本应契合实践、扎根工程的工程教育在未来发展走向上有所偏离。

(3) 工程实践的创新制约。工程科技需要不断创新，知识的更迭、技能的提升、条件的变化、系统的复杂，都对工程实践提出了更高要求。纵观我国近年来重大工程在实施过程中的进展，无论是高铁交通、航空航天、探月潜海、深空观测，还是高端装备、5G应用、超级计算、新能源、新材料等，工程科技的每一次创新，都是通过解决实践急需的实际问题而取得突破的。从实践中获取真知，在实践中得到锤炼，是工程创新的源泉与动力。我国工程教育亟待紧跟工程实践的创新需求，解决工程教育与工程实践疏离、脱钩甚至脱节的问题，在教育中进一步强化理论联系实际的教学导向，提升学生运用理论和技能解决工程实际问题的能力。

(4) 人工智能带来的挑战。人工智能技术和产业的发展，不仅给工业制造的实体经济带来巨大的颠覆和挑战，还在各行各业掀起了数字化、网络化、智能化的深度变革，极有可能进一步变革现有的生产、生活方式。这些都深刻影响着当今世界的创新发展，也给学科的交叉融合、工程科技的提升带来了新机遇、新模式，创造了智能时代的新风口，对工程教育的创新提出了挑战。当机器学习代替或超越部分脑力劳动，算力算法辅助工程设计与制造，信息物理系统感知万物并连接世界，人机协同、人机融合、人机共生催生新的工程模态发展时，工程教育所面临的问题将会发生质的飞跃，工程问题的发现、分析、解决必然发生方法和手段上的变化，机器工具的使用和提升必将推动工程创新的更大变革。在人工智能赋能产业的驱使下，新能源、新装备、新工艺、新模式的采用，将为工程发展带来一场全新的革命。而人工智能的发展也要求工程教育必须做出重大变化以适应发展需求。例如，工程问题的发现、工程创意的提出、工程方案的实施、工程伦理的重构等，都将会是未来工程发展所必须面对的问题。

4. 实现工程教育的新突破

为了解决以上的矛盾和问题，在新一轮科技与产业革命到来之际，我国工程教育亟须解决从中低水平向高水平的跨越发展，通过迭代、重构、融合，切实提升整体质量，实现新形势下的变革与创新。

(1) 迭代：就是适应我国工业制造、工程发展从中低端向高端迈进的战略需求，既要夯实工程基础、筑牢行业发展的厚重土壤，在工程教育的行业特色、领域优势上继续强化、深化，又要时刻关注工程发展和工程教育的前沿趋势，在数字化、网络化、智能化的方向上抢抓先机、加快布局。

(2) 重构：就是充分把握新工业革命带来的难得机遇，在物质、能源、信息等工程要素和设计创意、生产制造、测试保障、管理运行等工程环节上，将知识、技能、装备、工艺以及人的自由创造性予以整合、重组，加快工程教育的知识更新、体系构建、课程更迭、技能训练、目标调整等，以适应新趋势下工程科技创新发展的要求。

(3) 融合：就是充分利用人工智能全面辐射、渗透到工程科技、工程教育领域的契机，加快知识、信息、数据、机器以及软硬件工具对工程发展、工程教育的融合应用和变革重塑，通过深度学习、机器智能、超人工智能等的发展推进面向未来的工程教育实现新突破。

(三) 教育模式变革

人工智能发展对于工程教育、传统行业转型升级、抢占工程前沿发展先机具有重要意义，人的创造性因素在人工智能技术的辅助下将会得到更大释放，未来的工程教育模式将是人机协同、人机融合、人机共生业态下的巨大变革。

1. 人机协同

从人工智能与工程教育的联系角度看，智能化赋予了教育以崭新的模式和方法，传统的知识学习、技能训练、素质培养将发生质的飞跃，知识更新不断加快，知识运用更加便捷，大数据、物联网、新一代移动通信、边缘计算、区块链技术的发展，不仅将对教育内容、教育形式产成巨大冲击，更在思维模式、工具运用、效率提高、效能评估等诸多方面产生深刻影响，教育的信息化、智能化将进一步走上纵深发展的路径。在工程教育领域，人工智能前沿发展的未知数仍然很大，思维能力、学习能力、验证能力等具有创新驱动的潜在智能，将给工程发展带来不可预知的变化；而工程教育在传授知识、培养能力、提出问题、分析问题、解决问题方面的现有模式，将会受到人工智能的巨大挑战。未来的工程教育将会在人与机器的互动协作中探索模式变革的新路径。

2. 人机融合

从人工智能与行业转型升级的联系角度看，人工智能将赋能传统产业的迭代发展，在工业、农业、服务业的主要领域发挥深度融合的潜在优势，助力传统行业转型升级，进而打造数字农业、智能制造、万物互联、万物感知的智能经济，为实体经济的振兴、发展给予技术和产业上的双重支撑，带动并加快行业转型升级。与此同时，人工智能技术在行业中的广泛应用，也将持续地推进信息技术、智能技术与行业知识、经验技能的深度融合，催生更为先进的制造装备、制造工艺、制造手段，加快我国制造业的高质量发展和自主创新突破。

3. 人机共生

从高端人才培养与人工智能的联系角度看，我国工程领域的高端人才仍然紧缺。与国家推进高质量高水平战略发展的目标相比，工程教育存在着很多不适应创新发展的突出问题，特别是在人工智能全面爆发的趋势下，高端人才未来的竞争将愈发激烈。人的主观能动性的创造性机制、创意型思维、灵感式判断、顿悟式分析等高层次的内在智能，均需要在工程科技创新与工程教育的变革中继续深入探究。因此，在人才的知识、能力、素养以及思维力、创新力、协同力的建设上，仍有很多值得研究和发现的未知领域，需要进一步挖掘、研究。

第二章　全球高等工程教育的特色借鉴

工程科技的创新发展，对工程教育提出了变革演进的时代要求。随着全球工业制造数字化、网络化、智能化趋势的到来，21世纪全球高等工程教育也在历史实践积淀的基础上，不断发生着新的迭代与变革。

早在20世纪90年代，以美国麻省理工学院为代表的世界一流大学就提出了"回归工程"的理念，进一步强调工程教育对于国家重点发展先进制造业、增强工业实力的重要意义。这一理念的明确提出，使全球高等工程教育由传统的"科学范式"向"回归工程"发展。这不仅开启了全球工程教育的时代潮流，也为工程科技的创新发展提供了思想引领。

如今，世界教育强国的高等工程教育，经过多年的发展与变迁，教育模式从单一的"知识传授"(即大学1.0时代)向"知识传授＋学术研究"(即大学2.0时代)转变，再向"知识传授＋学术研究+社会服务"(即大学3.0时代)提升，并将持续向数字化、网络化、智能化方向迈进。斯坦福的"硅谷"、麻省理工学院的"128公路"、加利福尼亚理工学院所在地的"航空街"、剑桥大学的技术工业园区等，不仅成为产学研深度融合的示范平台，也为全球高等工程教育的创新实践树立了前沿标杆。

工程教育与科技创新是相辅相成的。科技的迅猛发展对新时期的工程教育提出了新要求，工程教育也会反作用于科技产业创新发展，激发其迭代式的持续更新。这两者互相促进、互相支撑，共同推动着社会先进生产力的螺旋式上升。

一、美国高等工程教育

美国是当今世界的制造强国，其高等工程教育在借鉴欧洲模式的基础上，形成了自身的独有特色，在全球工程教育领域中独树一帜，突显了国际工程教育适应时代变革的发展潮流。

二战后，美国以科学探索精神培养、创新素质发展为主，突出了高等教育的通识特色，着重夯实学生的基础知识和基本素养，锤炼创新思维与通识才能，工程教育重点服务于科技进步、社会发展，以适应二战后国际工程领域对人才科学素养要求提升的迫切需求。

从 20 世纪末到 21 世纪初，美国工程教育界兴起了"回归工程"的浪潮，再次提出了应当从工程本身发展入手，强化工程教育实践的本质内涵。如麻省理工学院提出的"在干中学"的培养理念，提倡紧密结合工程实践，加强终身学习能力培养，从而形成"大工程观"的发展思路。其主要内涵包括构建工程整体、具备系统构建能力、完善知识体系、强调工程技术与工程组织管理等，提出以工程科学、数学、工程学和应用技术为主的系统构建目标，进一步强调工程教育中的实践训练，注重工程实际能力的培养。

为此，近年来美国政府和相关部门纷纷出台有关创新发展、新兴前沿科技、STEM 教育、人工智能等涉及先进制造业和工程教育的重大政策举措，旨在不断推进工业制造的变革式发展和工程教育模式的适应性变革，力争在数字化、网络化、智能化的激烈竞争形势下继续保持先进制造业和工程教育相互支撑、相互匹配的全球领先优势。同时，主动构建在《华盛顿协议》影响下的工程师国际资格认证体系，继续推进美国国家工程院提出的以面向未来"14 项工程大挑战"为主的"大挑战学者"项目的实施，拓展了 CDIO 模式、NEET(新工程教育转型)计划等。

美国 2015 年后出台的工程教育政策见表 2-1。

表 2-1　美国 2015 年后出台的工程教育政策

时间	颁布机构	政策名称	核心内容
2015 年	美国国家经济委员会与科技政策办公室	《美国国家创新战略》	部署国家创新发展的重点；确立未来发展新视野
2016 年	美国国家科学基金会、国家科学与工程统计中心、社会行为与经济科学理事会	《评估框架变化对趋势数据的影响：基于对科学和工程研究生、博士后的调查》	科学、工程、健康领域发展方向；女性、少数民族等群体问题
	美国国家科学基金会工程理事会、计算机与信息科学工程理事会、教育与人力资源理事会	《工程师职业养成：革新工程与计算机科学等部门》	应对 21 世纪挑战工程、计算机科学重大变革，促进工程教育和计算机科学发展；确立工程师职业养成的内涵

续表

时间	颁布机构	政策名称	核心内容
2016 年	美国陆军部	《2016—2045年新兴科技趋势报告》	面向未来的新兴科技趋势的预测
2018 年	美国科技政策办公室	《2018—2023年 STEM 教育战略规划》	终身获得高质量 STEM 教育的规划，确保美国在 STEM 教育的全球领导者地位
2023 年	美国白宫	《国家人工智能研发战略计划》	更新 2016、2019 年版计划，重申八项战略目标，增加第九项战略，强调国际合作；评估《2020 年国家人工智能倡议法案》(NAIIA) 和《国家人工智能研发战略计划》实施情况

德勤咨询公司发布的《2020 年全球制造业竞争力指数报告》显示，美国在全球制造业竞争力指数排名中高居第一位，其持续居于高位的背后，是高水平、高质量高等工程教育的有力支撑，CDIO 模式、NEET 计划就是工程教育改革探索的典型尝试。

CDIO 教育模式是工程教育领域改革的一种先进模式，是由麻省理工学院、瑞典皇家工学院等大学探索研究创立的工程教育体系。它基于 CDIO 理念构建了 12 条标准体系，即着重培养学生工程实践的基础知识、个人能力和团队能力。该模式代表了美国工程教育从科学范式到工程范式的飞跃，通过一批高校和工程专家的着力推广，将早期提出的"回归工程"理念推向了新的高潮，也使 CDIO 模式在相当长的一段时间里，成为全球工程教育改革的典范。

该模式兼顾工业制造的流程发展及工程教育的同步实施，对欧洲传统的工程教育理念进行了继承与创新，使人才的综合能力培养具有具体实施的可操作性和监测性。它以产品从研发到运行、维护和废弃的全生命周期为载体，培养学生主动的学习态度和善于实践的学习方式。对于 CDIO 模式而言，培养理念中的实践性使工程教育产生了新变革，在培养理念中把实践作为重要部分能够有效解决工程人才实践能力培养未得到重视的问题；培养环节的连贯性使学生能够对工程知识有整体的把握，依托课程与具体的教学环节能够系统地认知从构思、设计到实现、运作的整个过程，这也使教育教学的实施更富有逻辑性。

2017 年，麻省理工学院启动 NEET 计划，这体现了美国工程教育界在新形势下对工程教育的反思与变革。该计划致力于培养解决全球重要问题的"实干家"，使其成为能提出解决方案的工程领域的顶尖人才。该计划主要有四个方面的思考原则：一是如何以前瞻性的眼光来看待新技术、新世纪、新未来，工程教育如何能够让学生具备发明新技术、研发新系统的知识能力；二是如何帮助学生成长为创造者、发现者，并把工程基础作为从事研究和实践的基础工作；三是如何学习教育学原理，以便更好地支持学生进行学习，从而探索最适合的学习方式，并进一步倡导数字教育；四是如何在科技发展日新月异的时代教会学生思考、开展自主学习。

　　NEET 计划涵盖了"如何学习、制造、发现、人际交往技能、个人技能与态度、创造性思维、系统性思维、批判与元认知思维、分析性思维、计算性思维、实验性思维、人本主义思维"共 12 种思维能力的训练，构建了以项目为中心的课程体系，打破了本科、研究生教育以及各个传统学科专业之间的界限，进一步强调学科知识的广度和深度，课程设计采用非结构化和模块化，强化创造性思维、批判性思维和系统思维等的培养，着力训练新的认知方法，实施协同、整体的工程能力综合培养。

　　此外，美国工程教育的质量保障体系主要通过工程与技术认证委员会(ABET)实施，该机构是美国高等教育界和工程教育领域广泛认可的全国唯一的工程教育专业认证机构，从事独立的第三方工程教育认证和工程师注册工作，认证的主要内容包括教育目标、专业构成要素、软硬件条件、毕业生、课程体系及师资队伍等。

二、德国高等工程教育

　　德国是世界著名的制造强国，其工程教育的发展遵循一套行之有效的工程文化传统，而德国制造是享誉世界的质量品牌，其强大的制造实力和独具特色的工业背景成为德国高等工程教育的深厚底蕴。

　　德国工程教育尤其注重培养学生扎实的专业技能和严谨的工程师素养，高度重视工程实践的扎实学习和灵活运用，具有严谨治

学、严格培养的突出特色，通过严格的过程管理来保障人才培养
的质量。

近年来，德国为了适应新发展形势，也出台了一系列工程教
育的改革政策(见表 2-2)，以更好地布局和推进其工业 4.0 的快速
发展。

表 2-2　德国 2015—2019 年出台的工程教育政策文件

时间	颁布机构	政策名称	核心内容
2015 年	德国联邦政府	《智能化联网战略》	作为《数字议程(2014—2017)》的实施措施,包含经济界的代表们提出的建议。对数字化潜能的开发主要集中在基础设施建设方面
2016 年	德国联邦经济与能源部	《数字经济 2025》	提出迈向未来的十个步骤,包括移动技术、智能化技术、大数据等前沿领域和技术等
2018 年	德国联邦政府	《联邦政府人工智能战略》	为人工智能相关重点领域的研发和创新转化提供资助;将研究成果广泛而迅速地转化为应用,并实现管理的现代化
2019 年	德国联邦经济与能源部	《德国工业战略 2030》	稳固并重振德国经济和科技水平,保持德国工业在欧洲和全球竞争中的领先地位

德国高等工程教育理论与实践的结合非常紧密。一般情况下，
开发工程专业的新课程，必定会邀请一定数量的企业界人士参与设

计，与政府、学校一起研究分析行业现状和技术、产品的未来发展趋势等，从而确定是否开设课程以及开设后的课程内容。此外，聘请高校工程专业的教授，要求须具有 5 年以上的工程实践经历；高校向企业招聘专业人士作为荣誉导师和实验指导老师，一起承担部分项目的教育任务。同时，高校教师定期在企业举行各类技术培训座谈，满足企业的专业培训需要。教师之间的互访沟通增进了院校和产业界的联系，加强了校企之间的沟通和互动。这种方式保障了高校与行业企业间形成密切的天然联系，可以让学生从学校教育无缝地切换到社会实践中。

德国高等工程教育课程体系分为基础学习、专业学习两个阶段，其中实践活动在专业学习阶段进行。基础学习阶段主要围绕数学、自然科学等知识，帮助学生打好科学文化基础。基础学习达标后进入专业学习阶段，专业学习主要包括专业课、实验课程、课程设计、毕业设计等。学生必须完成一定学时的生产实习，且考核合格后才有资格参加毕业考试。

德国在产学研合作人才培养方面也具有鲜明特色，其"双元制"教育模式堪称全球典范。该模式起源于职业技术教育，更适用于应用技术型人才培养，通常由企业先提出基于市场需要的项目目的、方式、时间、资金等产学研合作计划，与高校进行协商后执行。

德国工程教育体系以培养能够独立解决问题的工程师为目的，将工程教育与工程师资质体系融为一体，实行"文凭工程师"

制度，使学生在毕业时能够成为具有独立从业资格的工程师。工程教育的专业认证能够架起教育与社会的桥梁，发挥评价"指挥棒"作用，使毕业生不需要再接受过多的职业岗位培训就可以直接上岗，从而使教育能够更好地满足社会发展的实际需求。

德国工程教育质量保障体系主要依照欧洲高等教育质量保障协会(ENQA)所发布的《欧洲高等教育质量保障标准与指南》实施。同时，作为主要发起国和参与国，德国在推进欧洲高等教育改革计划"博洛尼亚进程"中，积极引进工程教育的学士学位制度，调整工程教育的课程结构。此外，德国2001年成立了"认证、证明、质量保障学会"(ACQUIN)，旨在提升德国工程教育的国际化影响力，吸引欧盟及其他国家加入；而德国工程学科专业认证机构(ASIIN)也是其进一步扩大工程教育国际影响力的一个重要机构，在工程学科专业认证方面发挥了重要作用。

三、法国高等工程教育

法国工程师教育是世界工程教育中独具特色的一个典范，其显著特点就是规模小、质量高、实践强、就业好。追溯其历史，早在18世纪的波旁王朝时期，就建立了一大批高等专科学校，如炮兵学校(1720年)、军事工程学校(1749年)、巴黎路桥学院(1747年)、巴黎高等矿业学校(1783年)等；法国大革命后设置了专门学院，如综合理工学校(1794年)、巴黎高等师范学校(1794年)，为工程师大学校的发展奠定了深厚基础。

如今，工程师大学校的选拔制度十分严格，这保证了其优秀的生源质量；同时，较高的师生比，让教育质量有了根本保障；而严格细致的校企紧密融合的过程性培养、有层次的实践性专业教育，推进了法国高等工程教育的精英化进程，为法国经济社会的综合发展提供了高质量的智力支持和人力支撑。

工程师大学校与一般性的综合大学入学方式有明显区别。前者必须通过录取率大约为 10%的严格选拔，具体为：先读 2 年预科，再参加入学考试，经过淘汰选拔脱颖而出的优秀者进入工程师大学校学习，学制 3 年，总学制 5 年。而后者是高中毕业生通过全国会考后，可直接进入普通大学学习。此外，普通大学二年级以上的学生也可在通过严格的入学考试后进入工程师大学校进行学习。

工程师大学校经费投入充足、学科专业集中、科研资源丰富、课程安排合理、校企合作紧密，十分重视实习实践工作，实习时间一般长达 10~18 个月，强化了实践能力的培养，确保了较高的培养质量。该校的毕业生就业良好、薪酬较高、具有一定的社会地位，就业大致分布在公共管理部门、工业界、金融界、商业与服务、建筑与交通、信息产业等领域，他们中大多能成为管理和技术方面的精英。而法国政府通过实行"学习税"的方式支持大学校与企业加强密切联系，即各企业可以直接将"学习税"以捐赠的方式支付给大学校；若不支付给学校，则必须上交国家，同时，企业接受实习的费用不在此税内。这样的政策支持保证了企业积极参与大学发展的主动性，取得了良好的效果。

与其他国家的工程师概念不同，法国的工程师特指一种学位文凭，由国家工程师职衔委员会(CTI)负责其认证，只有通过该机构认证之后，大学校才有权颁发国家工程师学位文凭。CTI 是法国唯一负责工程师职衔认证的机构，这一认证机制恰恰保证了法国高等工程教育的质量，其在全球工程教育领域独树一帜、特色鲜明。

四、日本高等工程教育

日本高等工程教育包括专科、本科和研究生三个不同层次，分别对应着工业企业对研发、生产现场及管理等不同类型工程人才的实际需求。例如，专科工程教育是为解决人才培养的结构性问题而产生的，旨在为企业培养基层的中级工程技术人员；研究生工程教育是因战后工业技术高度化发展需要而出现的，旨在为企业及社会培养工程研究与管理人才；本科工程教育介于以上二者之间，培养的是企业生产现场所需的高级工程技术人才。

日本的工科类院校在学科、专业设置方面通常不追求大而全，所开设的专业整合性较强，并且与现代工业技术领域密切相关。同时，日本高校专业设置的灵活度较高，通常根据市场需求和区域经济结构变化来灵活调整其专业结构。在课程教学方面，则善于利用 CDIO、PBL(驱动教学法)等先进教学理念和设计方法开展教育教学，具有注重交叉融合、注重自然科学基础教育、注重理论与实践协调发展等特点。

另外，日本通过立法手段推进了产学结合与实践教育，突出强调工程实践与应用能力的培养，极大地提高了企业对人才的满意度。

五、印度高等工程教育

20 世纪 90 年代以来，印度在计算机科学、信息技术、软件开发等领域迅猛发展，其软件开发稳居世界第二位，成绩显著。这些成绩的取得，与印度高度重视和发展工程教育有着不可分割的关系，特别是其紧抓软件开发的实践性，大力推行产学研合作人才培养模式，不断强化实践教学，着力培养动手实践能力强的应用型工程技术人才。

比如，著名院校印度理工学院德里分校与全球大型企业 IBM、摩托罗拉、西门子等国际著名软件公司建立了长期合作关系，还与相关企业联合，开设实训基地和实验室。学生通过在企业的实习，亲身参与前沿领域的软件研发，开发新产品，在锻炼动手实践能力的同时也学习到前沿技术，学校、学生和企业共同建立起产学研一体化的良性育才培养模式。

印度高等工程教育的显著特点是精英化高等教育和大众化高等教育双轨并行，为印度社会培养了各个阶段的高层次人才。同时，其不仅拥有培养技术精英的印度理工学院等世界一流名校，也有进行大众化技术人才培养的邦立、私立技术学院，它们共同组成了印度高等技术学院的主体，培养出大量的科技人才。

印度"十三五"(2017—2022 年)计划，着力推行"科技兴国"政策，促进高等工程技术教育的积极发展，尤其注重基础设施建设，大量修建了高速公路、港口、机场等重要基础设施。这些工程建设，急需大批科技人员，而各级工程学校积极输送了大批优秀科技人员，为工程建设和事业发展做出了贡献。印度工程教育的规模庞大，但其制造业对经济的贡献较低，这是工程科技发展中亟须解决的问题。

第三章 我国工程教育的实际状况

　　工程科技是工程发展的核心驱动力，是科技创新服务于现实生产力发展的关键。工程科技的创新，为工程的设计、建造、制造、测试、管理等提供原理发现、技术发明、工具应用以及方法突破，使能源、材料、装备、工艺等要素在工程系统中得到集成、优化、组合及控制运用，可实现工程发展的造物功能。同时，它还为工农业生产、各行各业的发展赋予决策、分析、设计、实施、管理、评估等方面的系统支持，切实提高社会生产力和生产效率，提升工程质量和水平，推动国家科技综合实力不断增强，在国家战略发展中占有重要地位。

　　当前，我国正从制造大国向制造强国升级转变，正处于从中低端向高端制造大步迈进的关键阶段。我国工程科技在历史发展进程中取得了一些自主创新的重大突破，但在高质量、高水平制造方面仍然存在自主核心技术缺乏、关键装备与技术受制于人的"卡脖子"难题，在设计、制造、测试等环节仍有明显短板，工程制造中的材料、装备、工艺等也存在一定程度的瓶颈问题。

工程科技创新难题的表面原因是自主核心技术的缺乏，材料、装备以及工艺水平偏低，行业产业发展的支撑动力、整体实力不足，以及受到全球供应链系统牵制的严重影响，是客观条件、物质层面的制约。但从人的主观能动因素以及创新发展的内涵来看，高端拔尖人才的缺乏才是真正制约工程发展转型升级、跨越提升的关键因素，因而工程教育的创新突破也成为解决高端人才培养与成长问题的重要途径。

一、我国当前工程科技发展的瓶颈与短板

(一) 先进制造技术的瓶颈

工程科技发展与先进制造技术紧密相关，工程的主要职能就是"造物"，技术突破是制造业发展的关键。全球前三次工业革命都是遵循着"技术发明、装备制造、产业振兴、社会发展"循次递进、一脉相承的规律发展起来的。

1. 全球制造业发展态势

全球制造业自进入 21 世纪以来，呈现出信息技术、电子技术、智能技术、人工智能技术与制造技术全面、深度融合的发展态势，数字化制造、网络化制造、智能化制造不断推进并深化，虚拟、仿真、模拟、柔性等综合化计算机辅助制造手段使制造的方式、方法与路径发生着深刻的变化，甚至颠覆着制造的传统业态。建构 CPS

并使之与实际制造技术有机融合成为新一代制造的典型特征，美国、德国、日本等世界制造强国纷纷瞄准这种趋势，加强顶层布局设计，抢占未来发展前沿，强化先进制造的实体内涵。

美国着力振兴先进制造业，大力发展工业互联网，在新材料、智能制造系统、电子设计与制造、人工智能基础设施、先进工业机器人、网络安全等方面加大建设与投入力度，推进下一代网络信息环境下人工智能对未来制造技术的引领作用。德国以工业4.0为目标，推进工业制造的数字化、智能化转型，将虚拟制造与生产紧密结合，发展智能制造工厂、智能制造车间等。日本加快推进"互联工业"，构筑超智能社会(Society5.0)，强调物—物、人—设备—系统、人—技术之间的相互关联、经验和知识的传承等。

综上所述，全球制造业呈现出三大发展态势。

(1) 回归工业制造本体，高端制造竞争激烈。工业制造是国家实体经济的命脉，抓住工业制造主体，才能真正把握未来。美国、德国、日本在工业制造上不断强化其优势战略地位，以占据先进制造发展的制高点为先机，在新一轮科技革命与产业变革中谋求领先地位。因此，高端制造的竞争将愈发激烈！

(2) 智能制造引领发展趋势，制造模式发生深刻变革。以信息技术、电子技术、网络技术、智能技术、人工智能技术为支撑的CPS构建，以及虚拟制造、增材制造、智能制造、仿生制造等智能化的制造趋势，已呈现出颠覆传统制造的发展态势，这无疑将对制造业的未来产生深远影响。

(3) 交叉融合趋势愈发凸显，制造系统发生高度关联。新材料、新装备、新工艺、新应用层出不穷，不同学科、不同行业、不同领域之间的交叉融合为工业制造的新发展注入了活力，也不断增加着制造过程的复杂性、整体性。制造系统中的核心因素、关键部分、基础支撑等要素高度关联、缺一不可，制造的系统性、工程性、集成性更加彰显。

2. 我国先进制造的瓶颈

我国工业制造经过了自中华人民共和国成立至今 70 多年的发展，从机械化、电气化逐步演进到自动化、数字化，并向智能化迈进。在加快科技创新、建设制造强国的进程中，迫切需要夯实制造基础、提升质量水平、突破掣肘瓶颈、支撑实体经济。当前国家对工业制造的战略需求主要集中在三个方面：一是适应新一轮科技产业革命趋势下制造变革的挑战，重点在于如何迎接智能制造带来的具有颠覆意义的制造技术革命；二是加快信息化与工业化深度融合的挑战，重点在于如何推进机械化、电气化、自动化、数字化的协同并进；三是解决制造短板和自主创新的挑战，重点在于如何增强国家自身制造实力、切实提升制造内涵。

我国先进制造无论是在硬件、软件方面，还是在核心元器件、系统设计、装备工艺、测试控制、关键基础件、精密制造方面，均存在明显不足和短板，制约着工程系统整体的高质量、高水平发展，亟待打破瓶颈，实现中国制造在高端领域的重点突破。我国先进制造的瓶颈主要表现在以下方面。

1) 芯片制造

芯片制造是信息化、数字化、智能化时代最基本、应用最广泛的系统工程，在工业3.0、4.0的创新发展中具有重大战略地位，其制造过程从设计、加工、封测到材料、装备、工艺等主要环节和关键因素上，都有着非常复杂的工序和极其庞大的产业关联性，如晶圆、光刻机、光刻胶以及EDA(电子设计自动化)设计、光刻、刻蚀、扩散、离子注入、封测等精密设计与制造工艺等，是一个典型的系统工程。

芯片制造包含上游材料设备、中游制造及下游应用三个模块，最突出的特点是系统工程特点鲜明、产业链长。然而，现阶段存在全球厂商分布区域性失衡、集中垄断等现象，加之受中美贸易战、管制清单、技术封锁等利益博弈以及"新冠"疫情等诸多不确定因素的影响，供应链中断，劳动力短缺，这些加剧了产业发展的不确定性，对我国高端制造带来很大影响。

中国是集成电路的主要进口国。从整体发展看，高端光刻机、刻蚀机、薄膜设备、离子注入机、清洗设备、测试设备等亟须改变对外依赖度高的局面；高端处理器、存储器件、射频器件等产品供给能力不足，EDA设计工具、关键原材料等缺口大，芯片制造成为国家先进制造必须解决的瓶颈，亟需打破"卡脖子"限制，增强自主研发能力，加快自主可控替代进程。

2) 知识型工业软件

工业软件，特别是知识型工业软件，是高端装备制造中不可或缺的"灵魂"，是先进制造的核心要素，其将工业制造中设计加工、技术工艺、加工流程、过程控制等长期积累形成的知识固化为软件工具、平台，可保证工程系统的整体效能和实际应用。近年来，美国的禁运和断供不仅在硬件上对我国造成严重影响，我国的工业软件也受到严重威胁。

我国知识型软件对外依赖十分严重。例如，基础软件国产产品的国内市场占有率仅为 5%，80%以上的工业软件研发依赖进口，50%以上的生产控制依赖进口。嵌入式支撑软件、商业化云计算平台软件、测试软件等大多被国外厂商所垄断，如机械设计与仿真软件 CAD(计算机辅助设计)、CAE(计算机辅助工程)、CAM(计算机辅助制造)，电子设计自动化的 EDA，高密度微波组装系统设计的电磁设计 HIFSS(传输线型端口)、热设计 Icepak(电子产品热分析软件)、结构设计 Ansys(结构分析)以及功率器件设计软件等。纵观全球软件市场，微软、甲骨文、西门子、ABB、艾默生、亚马逊、霍尼韦尔、惠普、IBM 等公司占据了市场主流，我国工业软件企业发展同这些公司相比，无论是市场规模还是实力、水平，均差距较大。

在新一轮科技与产业革命到来之际，工业软件担当着重要角色，数字化、网络化、智能化的背后是知识的软件固化。软件不只是工具，还是重要的平台，更包括服务，软件所蕴含的生产力和资源价值与日俱增，亟待解决自主发展做大做强的关键问题。

3) 重大装备与仪器

重大装备是实现制造目标的根本，仪器是实现控制测试的保障，重大装备与仪器在工程发展中具有基础性的重要地位。

我国虽然在高端制造装备上取得了显著进展，但与发达国家相比仍然存在差距：超高精密机床、高端数控系统、机床可靠性保障技术等距离先进制造水平还有一定差距；大飞机、重型火箭、新能源动力装备、交通运载等专用的制造装备，如超大型构件均质成形制造装备、大型复杂构件高性能短流程近净制造装备、大尺度高品质活泼合金锭坯制造装备等还存在一定短板；智能机器人制造所必需的高性能谐波减速器、旋转矢量(Rotary Vector，RV)减速器、高精度光电编码器、高性能电机与驱动器、导航定位单元等关键部件，以及高性能伺服驱动算法、运动控制系统的自主制造还存在不足；国产高端通用仪器，如高端电子显微镜、冷冻透镜、核磁共振测试仪、色谱质谱联用仪、高端数字存储示波器等，仍然依赖进口。国产重大装备与仪器，亟须解决对外依赖的不利局面。

4) 关键基础件

关键基础件是先进制造性能、质量、可靠性的瓶颈之一，我国关键基础件制造的不足之处主要在于缺乏高性能、高可靠性、长使用寿命的关键基础件制造技术。

关键基础件制造的不足具体包括：应用于重要行业的高性能轴承、流体传动、齿轮、刀具等，以及重大装备及主机产品中配套的液压件、气动件、密封件、齿轮及填料密封、传感器等核心基础件，仍依赖进口；通用部件，如高压柱塞泵、核反应堆主泵密封、高压大流量多路阀、高端轴承等，在自主制造上仍有短板；在智能传感与控制系统中，测量精度达到 1/10 000 的压力传感器、工业控制高端处理器、工业通信主站、高可靠高安全系统等，还存在制造质量与水平不足的问题。

5) 精密制造工艺

工艺是制造质量的关键，是制造水平的核心。我国精密制造工艺在近净成形、近无缺陷成形、超精密超高速加工等方面与世界先进制造还有较大差距。

精密制造工艺主要包括精密、高速、高效、灵活的数控机床、基础制造设备和集成制造系统，如高精度加工中心、微纳系统制造等。目前我国迫切需要为超高精密、高性能的平面和表面制造、特殊功能结构的特殊加工提供支持；为高精度切削、铸造、锻造、冲压、成形、表面处理、焊接等提供技术支持；超精密制造刀具、测量仪器及加工工艺亟需突破微米级、纳米级精度，实现复杂形面超精密复合加工、粒子注入辅助脆性材料加工等关键技术，以及极端环境与条件下的精密超精密加工制造。

6) 复杂系统设计、控制与测试

设计是制造的前提，先进设计为高水平、高质量的制造提供了强有力的保证。随着数字化、网络化、智能化制造技术的发展，复杂系统的高智能、高精度、高密度、多介质、低功耗将成为发展趋势，未来复杂系统和工程的架构设计、系统控制、性能测试将成为工程创新的新高地。

我国在制造领域的机电强耦合、光机电一体化设计需求的能力提升亟待加强，主要包括工程原理、核心技术、关键装备以及高端设计软件等。同时，需要解决高精度、高速度在线测试和高性能运动控制、高柔性过程控制关键技术，攻克几何量、力学量、电磁量、时频量的超高精度实时测试及高速高精度平滑插补、高精度协同控制技术，开发具有自主知识产权的高端检测仪器、检测系统和工业控制系统，突破高端测试仪器依赖进口的瓶颈。

(二) 工程发展的主要问题

我国工程建造历史久远，从原始社会集体狩猎、构筑洞穴居所，到封建社会建造城池、修筑水利工程(如都江堰)、构建防御工程(古代长城)等，直至近现代农业工程、铁路工程、钢铁冶金、石油化工、土木建筑、道路桥梁、装备制造、生态环保等，创造了许多令全球瞩目的巨大成就。中华人民共和国成立以来，"两弹一星"、三峡大坝、南水北调、载人航天、载人深潜、高铁、中国天眼(FAST)、探月工程、火星探测等，都谱写了工程发展的新篇章。

在新一轮科技与产业革命来临之际，工程发展迎来了新的挑战，先进制造的颠覆性创新，新材料、新装备、新能源、新工艺的不断更新，生产力迅猛发展的急迫需求，社会演进的巨大需要，正在加速改变着工程领域的传统模态，为现阶段高质量、高水平的工程发展提出了诸多新问题。信息化、数字化、智能化、万物互联、大数据、人工智能、量子科技等，使工程的本质、内涵、结构、关系发生了重大转变，不同领域的工程发展也面临着转型升级、迭代重构的变革压力，传统工程的发展模式亟需做出调整，以适应未来社会生产力发展的需求。

目前，我国工程发展的问题主要表现在四个方面。

(1) 工程科技创新面临重大挑战。

工程制造以工程科学为基础，重点研究工程原理、先进技术、工程要素等在装备制造、工程实施中的构建和应用，以工程知识为载体，迸发创意、设计、思想，实现科学知识、工程技术对自然物质、能量、信息的转换与运维等，并以此为基础构建工程体系理论，支撑社会生产力发展。未来的工程发展，将密切服务于国家创新驱动发展战略，通过发掘新的资源要素、创造新的工程原理、发明新的工程技术、构架新的工程模式，为打造"中国制造""中国创造"提供创新原动力。

目前，我国仍处于工业化进程和工程发展的中低端阶段，制造业大而不强，工程创新亟待跃升，工程科技创新面临着重大挑战。

2016 年 5 月，习近平总书记在全国科技创新大会、两院院士大会、中国科协第九次全国代表大会上的讲话中指出："我国发展还面临重大科技瓶颈，关键领域核心技术受制于人的格局没有从根本上改变，科技基础仍然薄弱，科技创新能力，特别是原创能力还有很大差距。"

2021 年 5 月，在中国科学院第二十次大会、中国工程院第十五次院士大会、中国科协第十次全国代表大会上，习近平总书记再次指出："我国科技实力正在从量的积累迈向质的飞跃、从点的突破迈向系统能力提升，科技创新取得新的历史性成就。"如"嫦娥五号"、"天问一号"、"怀柔一号"、"慧眼号"、中国天眼 FAST、新一代"人造太阳"、"雪龙 2 号"、"九章"、"祖冲之号"、"海斗一号"、"奋斗者"号、北斗系统、中国空间站天和核心舱、"神威·太湖之光"、"墨子号"、"天鲲号"、"国和一号"、C919 等国家重大工程及高端重要装备制造取得显著进展；科学技术在"新冠"疫情防控中发挥了重要作用，民生科技成果显著，国防科技创新成果显著。然而，我国原有创新能力不强，创新体系整体效率不高，科技创新资源整合不够，科技创新力量布局有待优化，科技投入产出效率较低，科技人员结构有待优化，科技评价体系不适应科技发展的要求，科技生态有待进一步完善。

工程科技创新的困难和挑战主要表现为：

① 自主创新能力薄弱，关键核心技术和高端装备对国外依赖度高，亟待加强具有自主知识产权和一流国际竞争力的装备产品；

② 工业制造的产品质量和附加值不高，世界知名品牌较少，亟须在产业发展、行业振兴上做强，让技术创新真正服务于现实生产力的发展，通过重大工程实施带动国家整体科技力量和综合实力的提升；

③ 资源能源利用率低，环境污染问题比较突出，亟待通过工程领域的系统调控、生态环保、智能化手段予以改善；

④ 利用信息技术改造传统生产方法和工艺的水平较低，先进

工业制造需要的高端装备的核心零部件、关键基础件以及测试仪器等仍然主要依赖进口，这成为工程科技自主创新必须解决的核心问题。

(2) 中国制造亟待迈向高端发展。

在全球正处于由"工业经济"向"知识经济""数字经济"转变提升的重要历史时期，中国仍处于"工业 2.0"的后期阶段，"工业 3.0"进程需要进一步加快、提速，"工业 4.0"应提前布局、抢抓先机。要让知识经济的特色和优势在工程科技创新中得到彰显和辐射，通过高知识、高技术、高智能含量的工程科技装备产品来实现军事国防、国计民生、生产生活重大工程的持续发展，推动中国制造由低端向高端转型，向中国创造转化。

具体来说，我国的制造业发展面临以下机遇：

① 市场需求规模庞大。随着中国新型工业化、信息化、城镇化和农业现代化同步推进，大规模的内需潜力不断挖掘释放，"双循环"推动了我国在后疫情时代的发展，制造业在重大技术装备创新、消费品质量安全、公共服务设施装备供给、国防装备保障等方面的水平和能力迅速提高，深度融入全球的产业分工和市场体系中，为中国制造业跨越式发展提供了广阔空间。

② 科技实力基础扎实。中国制造业拥有较为完整的产业链和配套能力，企业创新能力逐步提高，部分企业已进入行业技术前沿，工程技术人才数量位居世界前列。2019 年，我国首次跻身全球制造业创新指数 15 强，制造业创新能力明显增强，中国制造业具备通过科技创新提质增效、获取竞争优势的坚实基础。

③ 面临跨越发展良机。全球制造业进入新一轮技术升级期，新一代信息技术与制造业的深度融合，正在引发深远的产业变革，形成新的生产方式、产业形态、商业模式和经济增长点，如智能装备、智能工厂、可穿戴智能产品、智能家电、智能汽车等。中国与发达国家掌握新一轮工业革命核心技术的机会是平等的，这为中国制造业实现跨越式发展提供了可能。

(3) 人才培养的数量和质量亟须提升。

我国工科人才培养的规模已经位居全球第一，与美国、英国及欧盟的工科毕业生数量相比，我国的工科毕业生在全球工科毕业生的占比也达到了大约 1/3，但是在先进制造技术人才、拔尖创新人才的供给上，却存在明显的差距，如 AI 人才。TalentSeer 网站通过对 500 多家 AI 公司和 15 000 名 AI 人才的调查和分析，汇总出了一份 2020 年 AI 人才报告。报告显示：AI 人才需求量以每年 74%的速度增长。我国 AI 高端研发人才、工程师、高技术工人等均存在一定程度的短缺，难以促进 AI 产业的发展。

此外，通过对部分集成电路、工业软件、电子信息领域的企业、行业进行调研发现，虽然高技术领域的拔尖人才需求十分旺盛，但可以将理论与实践密切结合，切实解决技术创新、产业发展、"卡脖子"难题的一流人才仍然十分缺乏，高等教育人才培养在就业导向、就业观念、事业价值方面的短板问题仍需下大力气解决，专业学习与就业错位之间的问题在很大程度上依然存在。同时，企业一线、行业制造实践中的待遇较低、环境差异、认同感价值观上的差异等问题，导致了一流人才流失、骨干队伍不稳定等情况，这也严重制约着企业创新、行业发展的积极性，人才供给结构上的矛盾依旧突出。

(4) 工程科技文化整体氛围需要加强。

工程科技创新是一个需要艰难探索、艰苦砥砺的长期过程，其中所孕育的工程文化是工程发展的软实力所在，对于发展高质量的工程建设具有重要意义，我国工程文化的体系构建、整体氛围等还需着力加强：

① 在理念认识方面，对工程文化所包含的工程思维、工程精神、工程意志、工程审美、工程伦理等内涵还欠缺本质上的科学把握，关注技术本身偏多，关注工程系统、工程结构、工程价值不足；

② 在条件引导方面，整个社会近些年对于国家重大工程实施的关注度逐步提高，大国重器、大国工匠得到社会的赞誉和认可，但在生活中，对这些在工程领域做出重大贡献的单位和人才的待遇、条件及支持举措还存在很多不足和欠缺，亟待从分配和奖励机制上予以改善；

③ 在价值宣传方面，主流媒体、大众媒体对于在工程领域做出突出贡献的案例宣传、精神挖掘等仍有所欠缺，弘扬主旋律、彰显创造力、提升创新力的社会文化氛围还需要进一步加强。

(三) 创新发展存在的困难

先进制造技术的突破是工程发展的前提，工程科技创新需要将科学知识、原理同先进技术紧密结合，与产业振兴紧密融合，取得行业领域技术强、装备强、企业强、经济强的全面提升，从而真正实现工程发展的迭代转型，突破工程创新的难点。而我国工程领域的创新发展仍然存在着四个方面的困难与障碍。

(1) 全球激烈竞争挤压自主发展空间。

随着新一轮科技与产业革命激烈竞争的深入，世界工业制造和工程发展格局正在发生着深刻变化，百年未有之大变局加速演进，发达国家对我国科技和产业发展处处掣肘、打压，全球环境日益复杂，经济回升缓慢，单边主义、保护主义等严重挤压着我国自主发展的空间，在一定程度上制约着我国工程科技创新发展的历史进程。

2021 年 3 月，美国国家情报委员会(NIC)发布《全球趋势 2040——竞争更激烈的世界》，对在 2040 年前可能出现的世界性趋势进行预测，提出技术创新将是未来 20 年国家取得优势的关键。NIC 认为中国技术驱动治理模式将对全球新兴国家的发展产生非常大的影响，中国将成为世界航天强国，并进一步预测人工智能、智能制造、生物技术、空间技术、超级互联五个方向的先进技术将引领未来发展，并有可能形成技术领导者或技术霸权，而技术对于国际供应链的影响愈发显著，新兴技术对未来世界的重构、安全、创新乃至社会和人类未来至关重要。

由此可见，以美国为代表的世界强国在新工业革命的迅猛发展中，不仅会抢占先机、加强布局、强化引领，也会对我国科技与产业的创新发展处处设阻，挤压我国自主创新发展空间，不但"卡脖子"现象会依然延续，我国未来长远的发展也会受到压制，影响自主创新的历史进程。

(2) 创新链、产业链布局仍不完备。

我国虽然建立了工业门类齐全、布局完整的工业体系，但在创新链、产业链的布局方面仍然欠缺。工业制造的原始创新能力还不强，关键核心技术未能真正掌握在自己手中，特别是在以信息技术、智能科学与技术等为代表的新兴战略技术产业，科技创新资源的整合还远远不够，这使得尖端工程领域的制造质量和制造水平的进一步提升受到限制，如高端数控机床、航空发动机、高端芯片制造、知识型工业软件、精密仪器设备、测试与控制系统等，在基础原理、工程知识、关键技术、装备制造的体系化构建方面仍然存在着一定的真空地带，致使工程自主创新发展受到制约，与世界一流水平存在较大差距。

创新链、产业链布局的不够完备造成创新体系的整体效能较低；基础研究、应用研究与工程实践一线需求的衔接、融合不足，造成科技投入产出效益较低。科技创新力量的整体布局、资源整合有待进一步优化，评价体系、激励举措需要进一步完善，生态系统的构建需要进一步加强，企业创新主体的地位需要更加突出。形成创新主体相互协同的整体效应，必须在创新链与产业链的完备布局、衔接融合上突破障碍、高度协同。

(3) 科技产业力量深度组织整合不足。

在基础研究、应用研究、科学与技术创新的系统组织、有机衔接、深度融合方面，存在一些明显不足。如基础研究、应用研究与工程实践衔接不够，存在"两张皮，各干各"的现象，基础研究、应用研究对解决工程实践创新实际难题的能力不足，比如高档数控机床精确运动控制、误差补偿等的理论支撑及技术应用，缺乏数学基础应用研究的针对性支持，难以提升到更高级别的制造装备性能。而在实验室研发和实际生产制造之间同样存在一定的差异，比如集成电路芯片设计、制造、测试中的流片，必须在企业的生产实践中不断提升良率，这就要求研发与制造紧密结合，通过制造实践探索验证新技术、新原理，从而要求科技的研发与企业的制造高度协同。

同时，在推动科学、技术、工程的研发和制造力量的深度融合方面，也有大量的工作需要着力推进。现代工程发展、科学技术发明与科学原理探索、产业发展振兴息息相关，加强多学科融合，促进科学、技术、工程交叉渗透、相互支撑，意义重大。而构建我国完整的现代科学技术体系、先进制造工程系统，需要在举国体制上下功夫，发挥国家重大科技创新组织、引领的重要作用，整合政府、市场、社会、研究机构、大学等多方面的力量，推动技术、产业、市场在资源配置、整合中的重要作用，打破障碍壁垒，突破利益藩篱，形成推进自主科技创新、工程自主建设的强大合力，以提升国家创新体系的整体效能。

(4) 拔尖人才培养与成长的力度不够。

当前的竞争归根结底就是拔尖人才的竞争，而拔尖创新人才的培养和成长则决定着竞争的未来。我国拔尖创新人才的培养，在科学探索精神、技术创新意识、工程实践能力方面与世界制造强国相比还存在明显的不足，特别是工程领域的系统设计师、工程科学家、高技术工人、大国工匠等十分缺乏，需要科学理论与工程实践相结合的复合型创新人才脱颖而出，成为支撑国家科技创新发展的中坚力量。

我国高等教育、高等工程教育以及高水平职业教育模式，在新的工业革命迅猛发展的趋势下，面临着改革挑战，亟须在学科体系、学术目标、培养方案、课程设置、实践训练等诸多方面变革传统模式，适应先进制造和工程发展的需要，加强拔尖人才培养的工作力度。

二、我国工程教育的历史与未来

高等工程教育是高等教育的重要组成部分，在国民经济、国防、生产生活中发挥着重要作用。中国的现代工程教育始于清末洋务运动时期建立的各种西式学校。经过多年的发展，特别是中华人民共和国成立 70 多年来，中国已成为世界上工程教育规模最大的国家，在校人数和毕业人数均居世界首位。工程教育作为高等教育体系的一部分，为中国的经济发展和社会进步创造了大量的工程人才，取得了显著的进步。

(一) 历史沿革回顾

我国工程教育的历史发展以 1949 年为分水岭，改革开放后进入快速发展阶段，20 世纪末高等教育扩大规模发展，为现阶段工程教育奠定了坚实的基础，而新时代的工程教育面临着重大历史变革的机遇与挑战。

中国工程教育开始于晚清洋务运动兴办的各种西式学堂，基于当时社会发展洋为中用、富国强兵、振兴实业、学习追赶的需要，开始借鉴、移植西方工业化教育的典型模式，为中国工程教育开辟了崭新领域。当时的中国学习借鉴西方工业文明的先进成果，从而改变了历史上长期以农业文明为主的传统教育模式，加强现代自然科学、工程制造学科文化的知识学习和经验传播，努力向世界工业文明发达国家百年以上历史的积淀学习，推动中国工程教育迎头赶上、补缺空白。这一时期的高等工程教育主要借鉴欧美的工程教育模式，大多数学校实行"通才教育"，课程设置比较广泛，教学内容主要集中在学习基础课程，以培养学生较为扎实的科学与工程基础为目标，强调在学科基础知识、技术基本技能方面的学习与实践。在组织结构上大学分大类设立学院，院下设系，系下面不设专业，基本上形成了高等工程教育的初始格局。

1949 年中华人民共和国成立后，高等工程教育分别经历了重建与发展、缓慢停滞、改革开放蓬勃兴起三个主要的历史发展阶段。中华人民共和国成立至"文化大革命"前的 17 年是我国工程教育体系的初步建立阶段，此时各行各业亟待发展工业化体系，面临着工业化道路方向的选择和适应工业发展实际的教育制度的建立，国家需要改造旧的教育体系，建设适应新中国成立初期工业发展的实际需求的工程教育模式。因此，在学习借鉴苏联专业人才培养教育的基础上，1952 年开展了全国范围内的院系调整，建立了一大批如农业、林业、水利、地质、矿业、冶金、电力、石油、通信等行业院校，重点培养工业行业亟须的专门技术人才，发展了一批行业特色型院校。

在这一阶段，高等工程教育表现出一种教育与劳动紧密结合的实用型人才培养模式，教育规模和发展速度不断扩大。在培养模式方面，工程教育院校进行了改革和探索。清华大学提出了"真正精细化毕业设计"，建立教学、科研、生产三重基地的改革措施。在发展规模和速度方面，呈现出快速增长的局面。1957 年的全国高校为 229 所，第二年则增加到 791 所，最高年份出现在 1960 年，高等学校达到 1 289 所，其中工业院校的增速和规模最为显著。"大跃进"式的发展致使高等工程教育质量也有所下降，这引起了对工程教育发展的适当调整。1962 年，国家召开工业高等学校教学工作会议，讨论如何有效提高工业高等学校的教学质量，并对教学计划、教材和教学大纲进行了审查和修订，纠正了一些偏颇，工程教育的发展逐步进入正轨。

1966 年 5 月至 1976 年 10 月，在"文化大革命"期间，高等工程教育受到严重影响，基本处于停滞和缓慢发展的状况之中。1978 年改革开放后，我国高等工程教育得到跨越发展。从这一时期到 20 世纪 90 年代末，工程教育体系得到恢复和发展。例如，到 1996 年，全国普通高等院校有 1 032 所，其中工科院校共有 286 所，占比约 27.7%；全国本专科在校学生有 302 万人，工科在校学生有 117 万人，占比约 38.7%。1998 年全国高校在校生有 340 万人，工科在校学生有 135 万人，占比约 39.7%。2000 年全国高校在校生有 556 万人，工科在校生有 214 万人，占比约 38.5%。国家对工程教育的培养目标、制度建设和体制改革等多方面做出了调整和改革，适应经济发展的迫切需求，借鉴美国在"回归工程"方面的教育经验，稳步增加工科教育规模，调整专业设置、改革教育体制，工程教育的规模持续扩大、种类结构不断完善，工程科技产业化发展及服务经济能力逐渐增强。到 2005 年，随着高等教育扩大规模发展的推进，全国工科在校生达到 533 万人，之后基本在这一规模水平延续发展，工科在校生占全国高等学校在校生总数的比例基本保持在 1/3。

(二) 现阶段发展概况

高等教育发展水平是衡量一个国家发展水平和潜力的重要标志之一。当前，全球新一轮科技革命和产业变革正在加速进行，综合国力竞争日趋激烈，工程教育的变革和发展也不断升级。

进入 21 世纪，随着技术革命和产业变革如火如荼地进行，一些重大的颠覆性技术创新也在创造新的产业和新的商业形式。大数据、云计算和移动互联网等新一代信息技术与机器人、智能制造技术的融合正在加速，这也给世界工程教育的创新和发展带来了前所未有的机遇和挑战。这些变化促使中国高等工程教育进一步抓住机遇，深化改革，加快从工程教育大国向工程教育强国的转型升级。

2010 年，教育部联合相关部委、行业学会实施"卓越工程师教育培养计划"，旨在填补高等教育扩大规模发展后在工程教育领域出现的高素质拔尖人才培养的空白地带，进一步满足国家产业结构调整和发展战略性新兴产业的人才供给需求，为快速推进创新型国家建设提供有力的人才支撑。2017 年，在新工科发展背景下，教育部又提出打造 2.0 版本的"卓越计划"，在大工程理念下推进工程教育模式改革。同时，中国借鉴国际工程教育 CDIO 模式，在 200 多所高校进行改革试点，与国际前沿工程教育接轨交流。

此外，我国工程教育认证工作持续推进，取得历史性成效。2016 年是中国高等工程教育发展史上值得纪念的一年。6 月 2 日，中国正式成为工程教育《华盛顿协议》的第 18 个成员国，这标志着我国的工程教育真正融入世界工程教育，人才培养质量不断提升，逐步缩小和世界发达国家的距离。这些工作的进展也为以后我国参加国际工程师认证奠定了基础，为我国工程师走向世界大舞台创造了有利条件。我国工程教育在经历了几十年的发展之后，逐步缩小了与世界一流工程教育之间的差距和水平，正在探索走适合中国特色的创新发展之路。

(三) 新时代发展使命

新时代，我国工程教育面临着更大更艰巨的挑战，因此，要积极应对新一轮科技革命和产业变革的挑战，建设世界工程创新中心和人才高地，提升国家硬实力和国际竞争力。长远发展的目标是要建设一批新型高水平研究型大学、多元化的产业学院、职业技术学院和未来技术学院，形成具有中国特色的世界一流工程教育体系，跻身世界高等工程教育前列。为此，必须强化工程教育培养模式的多样化和个性化，解决我国工程教育迭代发展的实际问题，破解工程科技创新的难题。

我国当前工程科技创新、战略性新兴产业发展不平衡，有着历史的原因，也有着客观现实的原因。

现阶段，中国不仅有大量的劳动密集型产业，也有一定数量的资本密集型产业和知识密集型产业，目前还处于从工业 2.0、3.0 向工业 4.0 发展的关键阶段。在人才培养的定位上，必须体现对多样化人才的需求，既要培养新一代信息技术、现代交通、航空航天、通信工程等领域具有一定规模的高端工程和科技人才，又要培养劳动密集型加工制造领域的大型工程和科技实践人才。在人才培养过程中，要结合产学合作与科教合作的实际情况，利用"产学研用"一体化发展趋势，响应国家科技自力更生的长期要求，培养高水平研究型大学人才第一资源，增强创新第一动力，发挥基础研究深度和跨学科融合的优势，努力成为基础研究的主力军和重大科技突破的生力军。

1. 创新教学模式

我国人才培养模式和体制机制的完善，将有效促进学校与企业在人才培养方面的合作，以及学生工程实践能力的显著提高。李国杰院士指出："现在很多高校工科学生的实习活动减少了。即使有些学校组织了相关的实践，也多采取形式，个别岗位也是体验式的，与实际情况相差甚远。学生不实践，当然也就没有创新的源泉。"实践教学长期滞后，同时教学过程仍然是以教师为中心的模式，忽略了学生自身的主观能动性，难以激发起学生自主学习的兴趣和热情。

　　高校要注重加强工程人才创新创业能力和个性化培养，通过完善"大众创业"教育课程体系和管理制度，探索开设前沿课程、综合课程、问题导向课程、跨学科讨论课程等；探索"工程+"双学位、专辅制等多元化培养模式，搭建基于工程优势的创新创业平台，引导和鼓励学生积极参与创新活动和创业实践；贯彻以学生为中心的理念，满足学生的个性化需求，探索形成以学习者为中心的工程教育模式。

　　在高水平工程人才培养方面，还需要优化培养模式，制订硕士、博士阶段的学习目标、课程体系、学习成果评价等规范；探索科研分段衔接的知识结构、课程体系、培养模式和支撑体系，形成多渠道的学生发展路径；建立适合不同培养项目的选课制度，完善不同专业学分确认机制；根据相应的准入条件，探索实施学生自主选择和学生分流方案，为学生制订适当的训练模式和选课制度。

　　此外，建立健全工程多方协同育人模式，创新高校、国内外企业、科研院所多方协同育人，构建优势互补、项目共建、成果共享共赢的人才培养共同体，推进科教结合、产教融合、校企合作的协同教育体制机制改革。探索建立多学科参与、产学研一体化的工程人才协同培养模式；通过政策指导、举措调控、税收杠杆、配套扶持等，建设一批集教育、实训、研发为一体的共享协同教育平台和基地，大力推进协同育人、校企深度融合的工作进程。同时，构筑全社会开放式发展体系，以政策支持、资金投入、税收减免等多种渠道全方位推动工程教育改革的融合渗透，形成有利于社会机构深入参与高校专业培养目标制订、课程设置、教学内容和方法改革、质量评价等活动的体制机制。

2. 大力加强师资队伍建设

有效推进"产学研用"一体化，建设一支具有工程实践背景的教师队伍是提高工程教育质量的重要支撑。高校工科教师的"非工科"倾向日益明显，大多数教师的工程实践停留在实验室模拟，特别是一些青年教师缺乏足够的"从学校到学校"的工程实践培训。目前，在地方本科院校的师资队伍中，具有深厚工科背景的"双师型"教师寥寥无几。虽然很多高校加大了引进人才的力度，但引进教师的知识结构以理论知识为主，学术性更强，大多数教师本身缺乏现代企业的生产技术、工程设计和组织管理的经验。因此，也严重影响了工程科技人才的培养。

针对教师重理论轻实践、缺乏引导学生提高创新能力的普遍问题，应结合国家大力推进"大众创业，万众创新"的政策措施，通过多种形式和方式引导教师全面提高综合素质，提高教学能力和创新教育的引导力。

3. 切实加强校企合作与融合

企业应深度参与大学生创新实践能力的培养，让学生感受企业新理念、新知识、新技术的应用，了解企业的行业标准、规范、发展趋势和技术要求。各级政府应在制定区域人才发展规划中充分发挥作用，推动建立校企合作激励机制和支持政策，使高校和企业真正内化为内生动力。产学融合、校企合作是解决实践教育缺失的根本途径之一。一方面，需要推动立法，让企业明确其发展人才的社会责任；另一方面，学校要精心组织学生参加企业的实践活动，在学生真正进行有效学习的同时，让企业也从中受益，实现双赢。同时，应当看到，广大中小企业将在全国发展方式转变过程中逐步转型，市场压力将促进其对工程人才和工程创新的需求。只有改变中小企业的发展模式，国家才有可持续发展的希望，教育方面的问题才能得到相应解决。教师缺乏实践经验的问题也应在产教结合中得到解决。目前，一些学校，特别是教育条件较好的学校，希望通过建立校内实习基地完全替代学生到企业接受实践教育，这方面的动向值得注意。

(四) 现阶段面临的问题

当前，全球经济正处在由以工业经济为主向以知识经济、数字经济为主的新模态过渡的转型期，我国高等工程教育在教育资源的开发与利用、教育体制和内容的改革、教育与政府、工业领域的衔接机制等诸多方面，与新一轮科技、产业革命的迫切发展需求还很不适应，存在着许多不足，面临着新的挑战。

从高端人才的供需关系来看，高等教育的扩大规模发展使我国工程科技领域的专门人才数量与质量已经得到很大提升。而随着生产核心要素从资源、能源、人口向知识、创意、创造的跃迁转移，工业制造迎来数字化、网络化、智能化的新发展趋势，传统工业制造门类之间的界线逐渐模糊，特别是在人工智能技术与产业发展的推动下，行业壁垒逐渐被打破，行业领域的专门人才、中低端应用型人才需求问题已经基本解决，而制约发展的关键则是在工程科技尖端核心领域发挥关键作用的拔尖创新人才，能够独立提出问题、分析问题、解决问题的工程科学家、卓越工程师以及一流的大国工匠等严重缺乏。高端人才是能够支撑起中国自主创新体系构建的关键人才，在创新链和产业链紧密结合的原始创新中做出突出贡献的高端人才对国家战略需求和前沿发展具有重要作用。

从历史发展的角度看，我国正在经历工业制造转型升级、创新跨越的关键时期，经济体量、综合国力的提高是全面建设社会主义现代化国家的重要基础。而关键核心技术的突破也在经历着跟跑、并跑、领跑相互交叠的转换期，对于高端人才的迫切需求也成为当前科技、经济及社会发展的焦点。在工程教育取得扎实进展的基础上，必须突破工程科技高端人才发展的瓶颈，培养和产生出具有世界一流水平的拔尖创新人才，构建引领和支撑未来发展的自主创新体系，提升人才队伍的质量和水平，为高端装备产业制造、战略性新兴产业发展、颠覆性技术和产业崛起提供强有力的人才支撑和智力贡献。

1. 重点行业高端研发设计人才缺乏

研发设计是制造的前提和基础，没有高水平的研发设计，就没有高质量高水平的制造。工程科技领域的高端研发设计人才对工程的设计、制造起着决定性作用，发挥着总体规划、系统布局、统筹优化、研究创新的不可替代的核心作用，处于人才供应链的高端。我国工程科技质量与水平的提升必须突破高端研发设计人才培养与成长的瓶颈，推动工程建造质量与水平的转型升级，推进原始创新。

　　美国国家科学委员会(NSB)发布的《2022 科学与工程指标》报告中显示，我国工程科技人才在数量上的显著增加为工业制造和工程领域的行业发展提供了人才支撑。美国的自然科学与工程技术高等教育中，本科与研究生阶段的学位授予数量从 2000 年的 56.1 万个增加到了 2019 年的 108.7 万个。尽管这一数字几乎翻了一倍，但仍然难望中国项背。由于人口基数问题，印度与中国所培养的该专业本科生数量一直领先世界，美国仅位列第三，其次是巴西、墨西哥、英国、日本、土耳其、德国、韩国和法国。

　　在自然科学与工程技术博士学位的授予数量上，美国在数十年来一直保持世界领先地位，其 2018 年授予的博士学位数量达到了 4.1 万个。但中国培养的自然科学与工程技术博士数量正在逐步赶上美国。2018 年，中国在该领域授予了近 3.8 万个博士学位，而美国颁发了 3.1 万个。这一数字说明，美国、欧盟国家在高端设计研发人员(以博士为主)的培养上仍然占据优势，中国工业制造和工程发展虽然在体量上、人才规模上取得了历史性的较大跨越，但在以博士为主的高端研发设计人才的培养上与世界一流水平相比仍有差距，这种差距与中国制造大国的规模体量不相匹配，成为发展高端制造、实现制造强国战略的瓶颈。

　　与自然科学和工程领域博士学位授予人数增加相匹配的是，全球研发投资总额也在显著增长，从 2000 年到 2019 年，全球研发支出翻了三倍，从 2000 年的 7 260 亿美元涨到了 2019 年的 2.4 万亿美元。这些研发绩效主要由少数国家完成，其中美国表现最为突出(支出 6 560 亿美元，占全球研发的 27%)，其次是中国(支出 5 260

亿美元，占 22%)。其他国家则稍逊一筹，如日本占 7%、德国占 6%、韩国占 4%，法国、印度和英国的比例则分别占全球研发总数的 2%~3%。

其中，中国贡献了最高也是最主要的研发增幅。2010 年到 2019 年，中国研发投入年均增长 10.6%，远超过美国的 5.4%。美国在全球研发绩效的占比从 2010 年的 29%下降到 2019 年的 27%，而中国的份额从 15%上升到了 22%。可见，全球研发绩效的集中度在从美国、欧洲向东亚、东南亚、南亚的国家转移。许多中等收入国家正在增加科学和工程刊物的出版、专利活动以及知识、技术密集型产出，向全球输出科研和技术。

科技部发布的《中国科技人才发展报告(2020)》显示，"十三五"期间，我国 R&D(科学研究与试验发展)人员全时当量快速增长，年均增速超过 7%，从 2016 年的 387.8 万人/年增长到 2020 年的 509.2 万人/年，连续多年居世界第一。同时，科技人才受教育水平不断提高，更多青年科技人才成为科研主力，基础研究人员占 R&D 人员比重持续加大，人才队伍结构布局进一步优化。科技人才发展的体制机制更加完善，人才发展政策环境显著改善，但也存在企业 R&D 人员增速放缓，R&D 人员投入强度(万名就业人员中 R&D 人员全时当量)、R&D 中的研究人员占比与世界主要国家相比仍有不小差距，科技人才的整体质量和结构有待进一步提高等问题。

通过案例调研发现，全球一流企业在研发投入和研发人员占比上均高于一般企业。例如，根据华为 2019 年可持续发展年度报告，截至 2019 年底，华为全球员工总数已达 19.4 万人，其中科研人员约 9.6 万人，占比 49%。自 1993 年以来，华为每年投入销售额的 10%用于科技研发。2019 年，研发成本达到 1 317 亿元，占全年销售额的 15.3%。韩国三星公司 2019 年研发投入达 165 亿美元，占比达 8.8%，研发人员比例近 40%；美国高通公司、英特尔公司 2019 年研发投入分别为 46 亿美元、109 亿美元，占比分别达到 24.5%、20.9%，研发人员占比均高于一般企业。

通过实地调研我国相关电子、机械、汽车等企业，发现我国研发设计人才的缺乏问题在重点行业领域依然是十分突出的瓶颈问题，大多数企业困于研发经费少、企业效益差，很难在先进制造的研发上投入足够资金，其研发人员占比也普遍偏低，想要实现企业发展的转型升级依然存在很多困难和障碍。

2. 智能制造、人工智能人才的缺乏

智能制造是在传统制造的基础上将信息技术与制造技术紧密结合的产物。而人工智能则以算力的增强、算法的演进、大数据的广泛应用、工业互联网的大力推广掀起了各个应用场景人工智能技术与产业发展的新浪潮，推进了弱人工智能的爆发，催生着强人工智能、超人工智能的持续发展。

智能制造的变革和人工智能的崛起，对拔尖创新人才的培养与成长提出了更加迫切的需求，而高端人才的供需矛盾也因为智能制造的变革需求及人工智能的不断发展出现了更多的供给缺口。

2022 年，我国全部工业增加值突破 40 万亿元大关，占 GDP 比重达到 33.2%。其中制造业增加值占 GDP 比重的 27.7%，制造业规

模连续 13 年居世界首位。但总体看来，制造业仍居于中低端水平，其中制造智能化所需的软硬件开发人才和服务人才严重短缺。据分析，到 2025 年，中国智能制造领域的人才需求将达到 900 万人，而缺口将接近 450 万人，重点制造行业对数字化研发设计、开发智能制造技术与装备、研发应用虚拟仿真系统、开发应用智能生产管控以及提供技术支持、咨询服务的人才需求十分旺盛。

与此同时，智能制造所需要的不是仅仅懂得信息技术的专门人才，而是具有行业制造知识和经验的复合型人才，是能够解决行业转型升级的高端应用型人才。2019 年发布的《制造业人才发展规划指南》预测，到 2025 年，我国制造业十大重点领域的人才缺口将达到 3 000 万人，这不仅是数量上的缺乏，更是结构上的欠缺，在高端研发设计人才、科技成果转化人才、重点行业应用人才、一线生产技术人才等诸多方面均出现了人才缺口。

人工智能的浪潮席卷全球，国家也制定了人工智能的发展规划。但是，与发达国家相比，中国在智能基础理论、核心算法、关键装备、AI 芯片软硬件方面仍与世界先进水平有很大差距，系统架构设计人才、技术研发拔尖人才、技术应用型高端人才十分缺乏。

近年来，中国人工智能技术和产业的发展取得了长足的进步，但面临着人才短缺的紧迫问题。自 2018 年以来，中国 AI 领域高层次人才的培养加快发展，主要是通过在大学设立人工智能学院、研究院和人工智能专业。2020 年 2 月，教育部的《关于公布 2019 年度普通高校本科专业备案和审批结果的通知》显示，当年全国有 180 所高校符合首批 AI 专业建设的条件，比 2018 年的 35 所增加了 414%，AI 专业的热度持续上升。由中国人工智能学会、中国工程院、清华大学人工智能研究院联合发布的《2020 年中国人工智能发展报告》显示，中国人工智能领域共有 17 368 名学者，覆盖国内 100 多个城市，地理分布主要集中在京津冀、长三角和珠三角。

全球人工智能产业的快速发展，更激发了人才市场对于人工智能人才需求的迅速增加。UiPath 2018 年的"AI Jobs"报告显示，全球范围内，中国 AI 职位空缺最多，大约有 12 000 个，其次是美国，约 7 400 个，日本约 3 300 个，而英国、印度、德国、法国、加拿大等国也面临 AI 人才欠缺的局面。

3. 大国工匠、能工巧匠等人才的缺乏

工程科技高端人才不仅仅包括高层次、高学历的研发设计人才，以及卓越的工程师、管理者，也包括从事一线制造实践的大国工匠、能工巧匠，这些高素质、高技能的实践人才，同样是我国工程科技自主创新的主力军之一，也是国家先进制造领域急缺的高端技术人才。

根据我国《制造业人才发展规划指南》，目前我国在高档数控机床和机器人、先进轨道交通装备、海洋工程装备及高技术船舶、农机装备、电力装备、节能与新能源汽车等重点领域的高素质技能人才十分匮乏。虽然我国工科类本科生的规模已经位居世界第一，但真正能够在工程实践一线发挥作用的拔尖高职高专人才仍然稀缺，尤其是具备高素质的技术技能人才、能工巧匠、大国工匠；在高端制造等领域具备扎实基础、实践经验、卓越技能的创新人才，

也成为高端人才的一个重要缺口。

从发达国家的历史经验看，高技术企业除了需要大批高层次研发设计人员外，也需要更多的卓越工程师和高技能工人。据不完全统计，美国历史上有60%的重要发明专利来自非职务发明人，创造发明的历史进程中，既需要"金领""白领"的智力贡献，也需要"蓝领"的技术贡献。然而，我国高素质的技术人才不仅数量不足，而且在结构和质量方面也存在不足。据统计，熟练劳动力仅占就业人口的26%，高素质技术熟练人才仅占技术人员总数的28%，与发达国家的差距很大。

因此，我国应重点建设一批高水平职业院校和专业，增强职业教育的针对性和适应性，加快现代职业教育体系建设，培养更多高素质技术技能人才，从而进一步培养出更多的能工巧匠、大国工匠，这也是支撑制造强国战略的重要内涵之一。

习近平总书记在考察中国科学院时曾说："我国的科技队伍规模是世界上最大的，主要问题是水平和结构，世界级大师缺乏，领军人才、尖子人才不足，工程技术人才的培养与生产和创新实践脱节。"

总体来看，我国工程科技的高端人才严重缺乏，这与工程制造现阶段的实际状况一致，即面临着工业制造转型升级、跨越发展的巨大挑战，迫切需要解决从中低端制造向高端制造迈进进程中遇到的问题，建立起中国制造的原创体系，突破中国创造的瓶颈，从根本上回答"李约瑟难题""钱学森之问"这些困扰我国自主创新的历史性难题。

(五) 面向未来的工程人才储备

当前，新一轮科技与产业变革迅猛发展，科技创新面临着重大的历史性挑战，世界各国纷纷聚焦科学探索发现、先进制造创新的重点领域，尖端信息技术、人工智能技术、前沿量子科技成为引领和颠覆未来发展的关键技术，拔尖创新人才成为抢占发展先机的关键因素。

未来的竞争，归根到底是人才的竞争，只有拥有一大批高水平工程科技创新人才，才能在科技自立自强、突破原始创新方面实现宏伟目标，才能切实推进制造强国战略的稳步实现。培养一流的创新人才是国家繁荣和复兴的长远大计，人才自主培养是发展的关键要务，面向未来工程人才的储备，应未雨绸缪、及早布局，努力培养和造就一批具有世界影响力的顶尖科技人才，形成一大批创新团队，产生更多的一流学术大师、工程科学家、高素质技能人才以及能工巧匠、大国工匠，积极构筑高端优秀人才创新发展的原创高地。

面对工程科技迅猛发展的变革趋势，世界各国纷纷积极应对，提出面向未来的工程教育改革思路，为工程科技创新人才的培养做好教育储备。

2016 年，美国麻省理工学院提出 NEET 计划，着力打造为年轻工程科技人才成长而重构的"新机器和新系统"，开展跨院系试点改革，注重培养创造性思维和批判性思维的主动思维、实践创新、系统性思维以及人文主义思维等新认知方式，为未来的创新者、企业家、制造者、发现者、领导者做好高端人才培养的教育储备。迄今为止，该计划在执行推进中，首先在航空航天、机械工程、电气工程、计算机科学、生物工程等学科的跨学科、跨领域的改革上取得了明显成效。

荷兰代尔夫特理工大学提出，应对工程教育未来的挑战，不仅要重视在设计、开发、制造上的新技术应用，更要关注工程发展的思维、情感、团体、美德因素，以迎接新一代通信网络、云计算、人工智能带来的挑战，并聚焦于未来工程发展的易变性(Volatility)、不确定性(Uncertainly)、复杂性(Complexity)和模糊性(Ambiguity)的综合化难题(VUCA)。同时提出，未来人才应在技术素养、数据素养和人文素养方面具有发展潜力，注重培养批判性思维、跨学科与系统思维、严谨的工程思维、文化的创造力等素养技能；而未来的工程师是专家 2.0、系统工程师、前端创新者、情境工程师的集成。埃因霍芬理工大学提出"面向 2030"的引领变革，需要培养"T"型或"π"型的工程师，即能将一门或两门学科知识与实践技能深入融合，解决新科技发展趋势的挑战，实现跨学科的复合发展，探索智能材料和工艺、复杂高技术、生物健康工程、可再生能源、数据驱动的智能系统等工程发展的新领域。

由此可见，在科技创新竞争日趋激烈的形势下，工程科技的人才储备、创新培养已经成为发达国家高度关注的前沿问题，未来的工程人才储备必须从今天的工程教育改革抓起，应对科技创新，首当其冲的便是推进工程教育改革的创新。

三、我国工程教育面临的挑战

我国高端人才供给不足等问题具有一定的客观历史原因,也与创新机制构建不够完善有关,还跟工程教育与工程实践的融合不足、工业文化氛围欠缺存在一定的关系。

(一)历史发展受限

我国工业体系自中华人民共和国成立后逐步完善健全,经过 70 多年的发展,特别是改革开放以来 40 多年的不断探索、提升、壮大,我国已成为世界制造大国,但仍然未完成工业化进程。在工业化与信息化、智能化并行发展的历史进程中,受到工业基础较为薄弱、自主创新能力不强、产业升级改革滞后等因素影响,在先进制造、高端装备、战略性新兴产业、完善的产业链、卓越的创新链方面仍处于学习借鉴、追赶先进的发展阶段,技术、人才、市场等各个方面均面临着诸多严峻挑战,科技强、人才强、经济强的目标仍需要不断坚持、努力奋斗。

以高端电子装备制造为例,我国信息科技产业从 20 世纪 70 年代萌芽、80 年代兴起、90 年代拓展至今天迅猛发展,经历了学习、模仿、引进与追求自主创新的发展壮大过程。在推进信息化、加快工业制造转型升级的道路上,1986 年启动"863 计划",计算机集成制造系统、智能机器人等起步,国家"三金工程"大力推进,"九五"期间实行"甩图板"工程,"十五"期间进行制造业信息化建设,"十一五"期间"甩图纸""甩账表"以及《国家中长期科学和技术发展规划纲要》出台,通信、计算机、集成电路、雷达、天线等信息技术、装备与产业不断发展，信息化、数字化、智能化在迭代并行、融合交互中取得了显著进展。但是，也应看到我国与世界发达国家之间的差距，特别是高端电子装备制造自主创新能力较弱、制造能力与水平欠缺、对外依赖度高等的"卡脖子"问题愈发突出，这也成为我国工业制造跃升到新水平、提高到新台阶的一道障碍。

在全球新一轮科技与产业革命的激烈竞争中，美国一直引领世界制造强国的发展前沿，长期以来在集成电路、计算机、软件、网络、智能科学与技术等方面积累了深厚的知识、技术、人才基础，在计算机辅助制造、计算机集成制造、柔性制造、敏捷制造、网络制造、人工智能等方面奠定了坚实的产业行业基础，掌握了工业3.0、4.0 的发展先机。

随着技术和产业发展竞争趋势的愈发激烈，世界范围内贸易摩擦的因素增加，加之美国"逆全球化"和单边保护主义的思潮的出现，中美贸易摩擦逐步升级。由于美国在 2017 年对中国发起"301调查"，2018 年出台《外国投资风险评估现代化法案》，加大对中国的关税征收，中美贸易战爆发并不断升级。"中兴事件""华为事件"乃至美国、澳大利亚等国家针对华为 5G 设备的封堵与遏制，再加上"新冠"疫情在全球不断蔓延的综合影响，美国对中国在高新技术、高端装备等方面出台了技术出口管制清单，牵扯我国 44 家实体单位出口管制，涉及 14 个领域的新技术引进。2020 年，实体清单不断扩展，涵盖诸多高技术领域。2021 年，美国再次将 7 家中国超级计算单位列入实体名单。美国针对中国高新技术与产业发展制造的这种"卡脖子"难题，带来了制造强国与制造大国之间的碰撞与矛盾。在"卡脖子"难题中，高端电子装备首当其冲，芯片、工业软件、核心零部件、关键基础件等涉及先进制造数字化、网络化、智能化发展的基础和命脉，亟须通过自主创新、原始创新打破发达国家的技术封锁和产业垄断，早日走出一条适合于中国自主发展特色的新路。

总体看来，我国先进工业制造与世界一流水平的差距是历史发展阶段中的客观原因造成的，现阶段在学习借鉴、跟踪模仿过程中迈向高端层次、突破自主创新的先天问题与不足，亟待通过夯实科学基础、培养拔尖人才、提升工程水平等举措予以解决，需要以高端人才的培养和成长来有力地支撑制造强国战略的大步迈进。

(二) 创新机制制约

工程教育是工程人才培养的主要方式和途径，我国工程教育的发展也是在学习借鉴、探索积累、创新改革中不断完善健全的。工程教育的创新机制不足、自主改革探索艰难，成为制约高端工程科技人才培养、成长的主要因素。

我国工科高等教育自晚清洋务运动学习借鉴欧美模式开始自然科学的教育启蒙；中华人民共和国成立后，学习苏联培养工程技术专门人才的经验，建立了一大批行业院校，解决了工业发展亟须的人才供给问题，奠定了工业体系人才支撑的基础；改革开放后，重新开始对美国、德国等世界制造强国、教育强国工程教育崭新模式进行跟踪学习，进一步深化通识教育、推进素质教育，尝试在工程教育领域不断改革，以适应国家工业制造一线的实际需求。在这个长期过程中，工程教育跟随国家不同历史阶段的实际需求而发展，解决了工业人才不足的问题，支撑起我国门类齐全、体系健全的工业体系。而存在的问题是，中国自主创新的高质量工程教育体系始终未能真正建立起来，人才培养的创新机制一直未能实现较大突破，在发展具有中国特色工程教育的前进道路上仍然存在诸多问题和挑战。

这种制约主要表现在高层次人才占比低，产业领军人才、高级专业技术人才和高技能人才短缺，难以支撑我国先进制造的高质量高水平发展；后备的人才梯队仍需继续培育，急需具有一流水平的技术带头人、具有全球视野的管理人才、擅长资本运作的金融人才以及复合型跨界人才；科技创新人才不足，难以适应信息产业自主可控的发展需求；人才资源开发利用不足，人才发展环境有较大改善空间。

新兴企业在对人才的需求和人才的正常供给之间总是存在着矛盾，具体说来，有以下四个表现。

(1) 人才战略储备不足，工程科技人才的能力和素质有待进一步提高。随着科学技术的不断创新和产业的快速发展，工程教育已经不能完全满足制造业战略发展对人才的需求，工程教育与产业人才需求存在一定差距。行业领军人才短缺，战略性新兴产业急需工程技术创新人才，教育培训工作有待加强。此外，中国的工程教育不能完全满足工业发展的高要求，迫切需要增强工程技术人才的创新意识、国际视野、创业精神、实践技能、社会责任感、领导力和全球能力。

(2) 人才结构已不能适应产业转型升级的需要，需要进一步调整优化。人才培养结构还不能完全适应并促进产业发展和转型，没有形成对产业结构转型升级的有力支撑。在制造强国战略、"互联网+"等国家重大规划的需求下，迫切需要进一步调整和优化人才培养结构，动员全社会参与工程技术创新人才的培养；打造行业领军人才、专业技术人才，使专业技术人才与科学体系有机结合；打造结构合理、能力突出的人才队伍，不断提高质量规格要求，形成分层次、分类型、多样化的培养格局和发展态势。

(3) 培养模式囿于传统思维和定势，大胆突破、勇于创新依然欠缺。我国工程教育在综合型大学通识教育、行业特色型大学专业教育的相互借鉴、交流方面，还存在一些认识上的误区，工程教育的核心理念还需要认真梳理，对于"通"与"专"如何结合的新工科内涵仍挖掘不够，培养模式仍受困于传统工科的思维定势。虽然近些年也尝试学习借鉴发达国家工程教育的先进经验，如借鉴法国工程师大学校"精英教育"模式推出的"卓越计划"，进入"华盛顿协议"，引进"CDIO"模式，加强工程实践的创新训练，进一步促使产教融合、协同育人，推出新工科、新农科、新医科、新文科计划等等，但以我国工程实践为基础、契合工业制造实际的工程教育、职业教育的改革依然推进缓慢，难以突破"卡脖子"的难题。

(4) 比较缺乏战略眼光、长远视野，前瞻探索和激励机制有待强化。中国工程诞生、发展的历史十分久远，但工业文明却与我国失之交臂，如同"李约瑟难题"中提出的"尽管中国古代对人类科技发展做出了很多重要贡献，但为什么科学与工业革命没有在近代的中国发生？"另外一个著名的"钱学森之问"提出："为什么我们的学校总是培养不出杰出的人才？"这些看似简单却又深刻的问题，一直困扰着我国工程科技的创新发展，究其实质，或许正是战略眼光、忧患意识、长远视野的欠缺，历史上错失了对科技文明的应有关注，体制机制中缺乏前瞻探索和有效激励的动力要素，从而严重制约了创新人才的培养。

(三) 产教融合不足

工程教育离不开与工程实践的紧密融合，拔尖创新人才培养需要在大学、研究机构、企业之间构建起协调统筹的一体化融合模式，才能真正发挥全社会的力量，培养出一流的工程科学家、卓越工程师、能工巧匠、大国工匠，培养出大批高端创新人才和高素质技术人才。

2017 年，党的十九大报告提出"要深化产教融合"，近些年产教融合取得了显著进展，人才培养"产教结合，校企一体"的模式正在逐步深化，正确的价值观、成才观、就业观逐渐深入人心，在工程教育和职业教育、职业培训领域得到推广。我国工程教育起源于支撑国家工业体系发展的迫切需求，成长于改革开放实体经济快速发展的增长时期，中华人民共和国成立初期建立的一大批行业院校为培养行业急需的工程科技应用人才做出了重要贡献，产教融合的模式在这些院校曾是工程教育的典范，故它们自然而然地融为一体。随着高等教育扩大规模发展、体制机制改革，以及行业院校归属关系重新部署，行业、企业与高校之间产教融合的联系受到一定影响，在强调重视通识教育的同时，忽略了工程教育中产教融合的重要性，造成行业、企业以及高校之间在工程教育上互补不够，产教融合成为一个突出的问题。

目前，我国以产教融合为主导的教学资源建设亟待加强。学校的教育与企业培训之间的差异越来越大，人才培养的针对性、实用性就会减弱，校企合作停留于表面，囿于各自的利益限制，打通校企深度合作仍需下大功夫。同时，企业的工程经验进课堂、进教材也有很多空白，人才培养的质量最终将体现在教师、教材、实验室等教学资源的建设上。因此，高水平教师建设首先要培养教师的工程思维，建设"双合格"的教学团队，增加学校教师与企业员工的互动，深化教师对新业务内涵的跟踪研究和理解，加大案例教学、大型网络课程等多媒体资源建设，利用信息技术和互联网密切跟踪实际案例和项目，建设校企联合校外实践教育基地，指导创新创业活动，扶持成果转化等等。这些都需要在产教深度融合的推进过程中不断强化和巩固，从而实现学校教育和企业培养的双赢共进。

(四) 工业文化欠缺

文化是一种软实力，工业文化与工业化进程密不可分。它是工业社会物质文化、制度文化和精神文化的总和，促进工业的长远发展，影响着工业文明的历史进程，在思维模式、社会行为及价值取向上反映出工业的价值内涵与精神动力。

世界工业强国经过工业制造的积累、淬炼，发展了先进的工业制造，同时也塑造了先进的工业文化。比如德国制造的严谨、细致、敬业、持久，美国创造的创新、探索、敢为、实践，日本制造的精细、协作、认真、执着，都展现出一种优秀的工业文化、工业精神，而其本质都是对科学规律的尊崇、对制造实践的坚守。

在中国工业化进程中，"两弹一星"精神、大庆精神、载人航天精神等先进工业文化也催生了自力更生、艰苦奋斗、勇于拼搏的中国特色工业文化。改革开放以来在各个行业和领域发展起来的劳模精神、工匠精神和企业家精神也得到了广泛支持，工业精神和工业文化的氛围、土壤愈发浓郁。但同时也应看到，整个社会对工业文化重要性的认识仍不充分，在有些方面仍热衷或停留于娱乐文化、消费文化、生活文化，对于实体经济发展的主流文化的重视、推广欠缺；工业发展所需的科学健康的市场竞争环境还不十分完善，经济文化的主流仍然存在疏漏；工业设计、工业品牌、工业传播的发展仍然滞后，与先进工业文明的衔接、融合仍有差距；文化教育的力度、深度、广度还有待加强，仍存在工匠精神欠缺、创新动力不足的问题；企业在生存与发展、责任与担当、效益与情怀等软实力建设方面仍有很大不足，与建设世界一流制造强国的战略目标形成了巨大反差。

现阶段我国大力推进制造强国战略，进一步推动制造业从高速成长转向高质量发展，工业迭代发展、转型升级是此时的关键，这个阶段需要与之相适应的新时代的工业文化。其中，"工匠精神""企业家精神""创新精神"均不能少，工业文化建设的任务仍然十分艰巨。

第四章　工程科技人才的"知行"

一、工程科技人才的"知行"内涵构建

"知行"内涵是人才知识、能力、素养体系的重要核心，凝聚着工程知识、工程方法、工程成果的隐性要素，在工程科技创新发展中体现出十分重要的主观能动性和内在创造力，是人才培养、工程教育的本质集合体。探索具有中国特色的工程科技人才培养模式，需要高度重视高端人才培养的"知行"内涵。

工程科技人才对工程发展具有重要影响，其"知行"内涵包括创新创造能力(工程研究、求知探索)、知识与技术的学习运用、发明使用能力(专业知识、跨学科知识、工程实践)以及人文素养(历史使命、责任担当)等内容，可概括为创新要素、专业要素和社会要素三个主要部分。

工程科技人才的"知行"内涵构建，需要满足我国工程科技解决"卡脖子"关键技术难题的要求，增强原始创新能力、提升核心竞争能力，在工程科技原理探索、技术突破和产业发展上取得历史性跃升；需要结合我国工业制造转型升级、迭代发展的要求，积极

探索适应新时代中国制造发展特色的自主创新之路，与高端人才知识、能力和素养相匹配。

（一）工程科技人才的知识、能力和素养

构建工程科技人才的"知行"内涵，需要先明确工程科技人才的知识、能力和素养体系的概念与关系。工程科技人才的知识体系、能力体系和素养体系是相互交织、相互体现、相互支撑的。在工程教育中，获取知识、锤炼能力、沉淀素养是一个一体化的系统进程。

从工程哲学角度看，工程包含工程知识、工程能力、工程素养的整体内涵和特征，工程活动也与科学活动、技术活动有着紧密联系。在工程的创意设计、思维理念、工程方法、决策分析、建造实施、管理维护、测评测试过程中，工程科技人才的知识、能力、素养往往成为集成统一的整体，展现出综合、交叉、融合的系统形式，而以最终的工程成果凝聚起工程科技人才知识、能力、素养的心血和结晶。例如，在"两弹一星"、三峡大坝、港珠澳大桥、神舟飞船、探月工程、火星探测等重大工程中，众多工程科技人才的专业领域知识、工程规划设计知识、工程管理创新知识等，通过科技人才的技能运用、制造实现、实践执行，最终固化或物化为具体的装备、工具或者大系统、建筑物等，彰显出工程科技人才建造重大工程的能力和水平，凸显出工程科技人员卓越的品质素养。工程实施的过程和最终形成的成果，都有形或无形地体现了科技人才知识、能力、素养的综合内涵和丰富实践，而这种知识、能力、素养的综合体也将成为下一个更伟大工程付诸实践和取得成功的重要

支撑条件。

纵观人类工程发展的历史，工程人才的知识、能力、素养与工程教育发展的理念、制度、趋势也是一脉相承、息息相关的。全球工程建造的发展随着现代工业革命的演进而不断革新，工程教育的人才培养理念、制度、趋势，在科技与工业革命的更迭中也不断取得历史性的进步。

18 世纪 60 年代的全球第一次工业革命起源于对蒸汽机的改良，工匠、技师、工程师成为开启工业文明的主角，来自工程实践的技术创新为整个工业的发展注入了强大动力，驱动着世界工业化的历史进程。

英国于 1818 年成立了世界上第一个土木工程师学会，1847 年成立了机械工程师学会，1860 年成立了皇家海军建筑师学会，1863 年成立了燃气专业学会，1871 年成立了电气工程师学会等。法国于 18 世纪开办的专门技术学校成为今天其大工程师学校的鼻祖，如 1720 年成立的炮兵学校、1747 年成立的巴黎路桥学院、1783 年成立的矿业学校、1794 年成立的巴黎综合理工学校和巴黎高等师范学校等。英国、法国、德国、美国相继在 19 世纪的第二次工业革命中发展了适合于现代工业成长的工程教育体系和职业技能教育系统，伦敦大学学院的诞生、德国一大批工程技术大学的成立以及美国《莫里尔法案》掀起的赠地运动催生出的大批"赠地学院"，都为今天这些工业强国奠定了人才培养的深厚基础。到 20 世纪下半叶第三次工业革命爆发，美国大学教育"回归工程"的理念以知识经济和信息技术的蓬勃发展引领了信息时代的工业革命潮流，工程的发展与科技、经济、社会的全面融合，带动了全新的工程人才培养观念的革新，工程教育迸发出前所未有的巨大活力和动力。

随后，全球工程教育认证蓬勃发展，构建起工程教育培养质量与水平评估的完整体系，对工程人才知识、能力、素养的培养与评测产生了重大影响。例如，美国在 1932 年就建立了工程教育认证制度，成立了工程师职业发展委员会，1980 年更名为"工程与技术认证委员会"，1989 年发起"华盛顿协议"；欧洲于 1999 年发表"博洛尼亚宣言"，2006 年成立了欧洲工程教育认证网络。工程教育认证为工程人才知识、能力、素养的培养提供了强大支持，为推进全球工程教育发展做出了重要的历史贡献。

美国工程教育自 20 世纪 90 年代提出"回归工程"的理念以来，对先进制造、智能时代的后工业化发展高度重视，认为工程领域已经成为极度开放、极具挑战的发展领域，融合着科学、技术的最新成果并正在孕育着更大的变革，未来的工程师必须具备更强的系统性思维和更高的创新性素质，才能应对未来的艰巨挑战。现代工程师应当具备分析能力、实践经验、创造力、沟通能力、商务与管理能力、伦理道德、终身学习能力等。英国皇家工程院于 2007 年发布《培养 21 世纪的工程师》报告，提出要具有完整的学科基础知识、强烈的数学理解能力、创造与创新能力、在实践中应用理论的能力、商业发展的沟通能力以及团队合作力等。德国、法国也对工程师知识、能力、素养的培养、训练提出了富有建设意义的应对举措。

今天，在数字化、网络化、智能化的发展趋势下，特别是在人工智能、量子科技的快速推进下，工程科技人才的知识、能力、素养正在悄然发生着重大变化，工程教育的内涵与理念也面临着新的巨大挑战。

（1）知识的获取从记忆、灌输向理解、运用转变，知识结构趋向于复杂性、系统性、跨学科、多学科融合，人工智能、人机协作、人机融合将带来知识系统的重塑与再造。

（2）能力的锤炼、养成更加趋向于依靠数学模型、软件工具、智能算法、虚拟仿真、装备仪器等来实施、执行。数字孪生技术、CPS、3D 打印技术、大数据、云计算、工业互联网等信息技术赋能行业创新，促使传统工业制造向智能化方向转型提升。优秀工程师的技能必然发生与传统行业的制造、执行、操作等截然不同的更新变化，是传统工业技能迭代升级的叠加式提升。

（3）当代工程师的素养积淀也将随着新一轮科技与产业革命的深入推进，随着工程发展复杂性、精密性、极端化、智能化的趋势，进一步凸显出人才创造性的重要作用，显现出几何式增长、颠覆式创新、效率加快、更迭加速的典型特征。工程领域的变革、创新，也将随着人才素养的急剧变化而发生预想不到、翻天覆地的革命，未来的发展将充满无限可能。

（二）工程科技人才"知行"内涵的国际发展

近些年来，美国、欧洲为应对新一轮科技与产业革命挑战，在工程科技创新人才培养方面纷纷提出新理念、新举措，着力推进适应智能制造、人工智能发展趋势下的"知行"内涵构建。

20 世纪 80 年代，美国政府针对科技人才缺失的问题进行反思，提出加强 STEM 教育的理念，旨在通过整合科学、技术、工程、数学等多个学科、多个领域的知识与技能，打通传统的学科之间相互分离、知识体系相互割裂的壁垒，让零碎的知识成为一个统一联系的系统，培养学习者以完整、系统的思维、视角看待世界，解决工程制造实际问题。2006 年发布的《美国竞争力计划》强调知识经济时代教育目标的一个重点任务就是培养具有 STEM 素养的人才，鼓励学生主修科学、技术、工程和数学，重点培养理工技术及工程素养。2011 年《美国创新战略》、2016 年《教育中的创新愿景》等报告，均对 STEM 教育的战略重要性进行了阐述，提出在科学素养、技术素养、工程素养、数学素养上加强内涵构建的建议举措。与此同时，结合创造力培养的需求，增加了艺术教育的内涵，使之发展成为 STEAM(科学、技术、工程、艺术、数学)教育，强调从发现问题、规划设计、科学求证到评估解决、艺术思维等多方位的知识、能力、素养构建。

而自 2000 年起，由麻省理工学院、瑞典皇家工学院等联合发起创立的 CDIO 工程教育理念，在全球工程领域引起了广泛关注和学习借鉴，并成立了以 CDIO 命名的国际合作组织。其"知行"内涵架构由工程基础知识、个人能力、团队能力、工程系统能力等内容组成，制订了全面的工程人才培养框架和 12 条评测标准规范，在传统工程教育模式基础上，构建了面向创新人才培养、应对工程科技新变革的知识、能力、素养的培养体系，对工程发展具有重要意义。

此外，美国大学为应对智能制造，在工程科技人才"知行"内涵更新上做出了积极探索。例如，宾夕法尼亚大学、伊利诺伊理工大学、科罗拉多大学、爱荷华州立大学、加州大学伯克利分校等，提出了面向智能制造的课程设计并做出更新，在传统机械工程、土木工程专业课程的基础上，增加 CPS 导论、计算机课程、社会科学、经济学、人文学科等方面的课程，扩展新的知识体系结构，增强实践技能培养。

《欧洲工程教育协会年度报告(2018—2019)》指出，要加强工程师的数学和物理基础，强化终身学习能力培养，开放在线教育(慕课、虚拟现实、翻转课堂、混合学习等)，强化工程教育的可持续性、跨学科性研究，创新教学方法、创客项目、创造性学习空间等，完善工程教育中的伦理道德内容等。荷兰埃因霍温理工大学提出要加强基于研究的学习，引领变革、应对挑战，构建 6 个方面的跨学科研究主题：智能材料与工艺、复杂高技术系统、健康生物工程、可再生能源、以人为本的系统和环境、数据驱动的智能系统。

(三) 工程科技人才"知行"内涵的时代特征

纵观历史发展，从工业 1.0 到工业 4.0 的演进，对工程科技人才特别是高端人才的"知行"内涵的需求，随着工业化不同阶段的进展也发生着不同的变迁。在信息化技术和产业蓬勃发展，数字化、网络化、智能化迅猛创变的今天，高端工程科技人才的"知行"内涵需求也在发生着一些变化，呈现出典型的时代特征。

其特征主要表现为三个方面。

（1）智能化。随着智能制造、人工智能技术的兴起，传统的知识获取、运用发生了本质变化，"人机融合"彻底改变了传统的创新形态，创新发展直接指向人自身的创造力和思想行为的培养，知识结构重塑与知识交叉运用成为高端工程科技人才必备的基础需求。

（2）复杂性。工程科技创新面临着更为复杂的系统问题、跨界知识，需要具有系统知识、系统思维的架构设计师、分析师解决工程实践愈发复杂的工程难题，高端人才的"知行"内涵必须随之提升、跃迁，而不只是局限于单一的专业领域。

（3）颠覆式。人工智能对于智力行为的局部性替代使"才能"的载体不再局限于"人"自身，而是出现了各种形态的"替身"，如"个体化的知识生产者"（"创客"）、人机协同并行发展等，颠覆性技术对先进制造、工业产业模态发展的影响，也同样在高端科技人才"知行"内涵的重构上发生了显著的变化。

二、我国工程科技人才的"知行"挑战

（一）工程科技高端人才能力结构探析

21世纪以来，世界范围内新一轮科技和产业革命蓬勃兴起，与我国经济发展的产业转型升级期相互叠加，这一历史大背景和经济发展的新业态对工程科技高端人才的能力结构提出了更高要求。

当前，针对高端人才的相关理论和案例分析较为缺乏，为了更好地为高端人才知识能力结构"画像"，本研究基于中国工程院信息与电子工程学部 59 位院士、机械与运载工程学部 54 位院士公开的相关资料，采用扎根理论，在分析质性资料的基础上，对这类高端人才的基本信息和知识、能力、素养等条件进行了分析，以期提供参照和借鉴。

1. 结构数据分析

本研究从数据入手，通过对质性资料收集以及深度分析不断抽象出研究问题的关键性概念，从而在不同的关联概念中建立相关联系，构建出一整套科学的理论阐释体系。这些院士当选时的年龄和科研峰值年龄分布见图 4-1 和图 4-2。

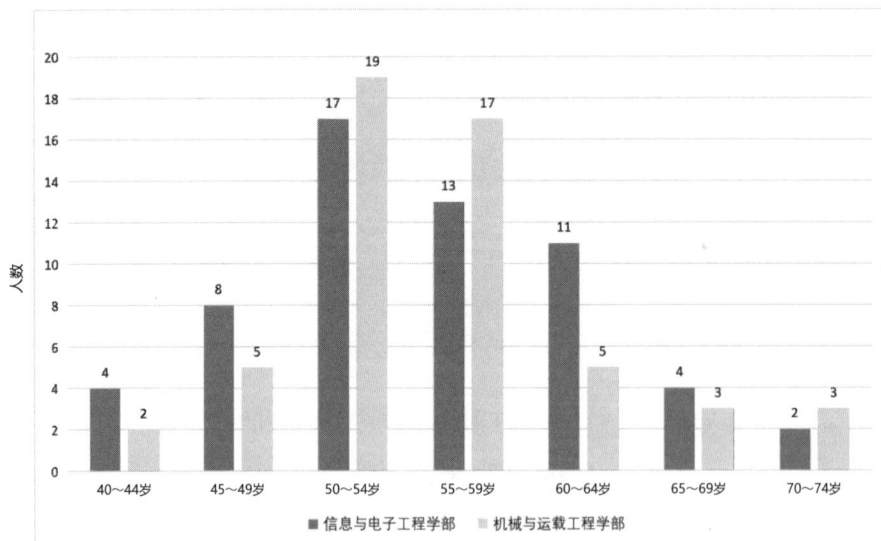

图 4-1　当选院士年龄分布图

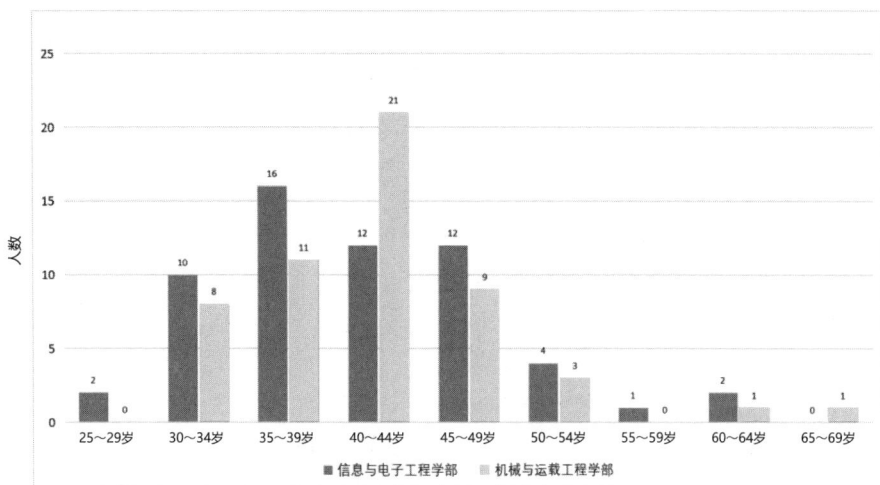

图 4-2　科研峰值年龄

由图 4-1 和图 4-2 可知，这些院士当选时的年龄大部分处在 45~64 岁，科研峰值年龄大多处于 30~49 岁，当选时的平均年龄约为 55.4602 岁，科研峰值平均年龄约为 41.0973 岁(见表 4-1)。因此，要积极培养科研团队中的中青年科研人员，加强对中青年科研学者的学术指导，培养其创新思维方式以及学术能力，为工程科技高端人才的可持续发展奠定基础。

表 4-1　科研峰值年龄

变　量	样本数	均值	标准差
当选院士年龄	113	55.4602	6.5203
院士科研峰值年龄	113	41.0973	7.1593

同时，也应给予处在科研起步期的学者充足的科研时间，尤其应加强对他们的奖励资助。而对于正处在专业发展黄金期、有多个发表高峰潜力的中生代学者，则应考虑为其提供宽松稳定的职业环

境，激发其创新性，并鼓励其在最高产的时期多培养青年团队成员。若能将这两个群体合理结合起来，就有可能成功培养出两代拔尖高端人才。

中国工程院信息与电子工程学部院士经历见图 4-3。

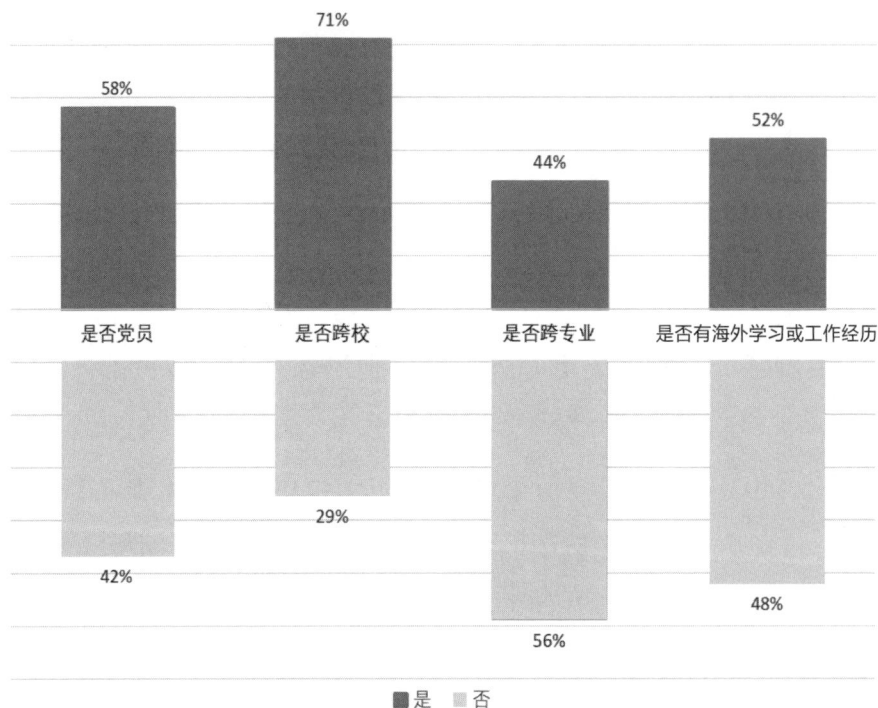

图 4-3　中国工程院信息与电子工程学部院士经历

通过对中国工程院信息与电子工程学部院士的经历进行分析，可知：58%为中共党员(因为中共党员思想觉悟较高，能够与时俱进、坚定信念)；71%具有跨校学习的经历(说明处于不同的学习环境有利于培养人才的适应性)；56%从本科至硕士或博士阶段学习同一专业(因此在人才培养时，要着重培养其在某一专业的技能本领，相对于多学科知识综合学习，更应注重某学科知识纵向精深）；52%具有海外学习或工作经历(因为通过跨国流动可获得前沿知识和国际视野，使其加强与国外科研界的联系)。因此，应大力支持科研人员在海外留学或工作。

2. 基于质性研究的高端人才画像

本研究综合运用 Nvivo12.0 中文版质性资料分析软件，采用软件编码和人工编码两种方式提取院士资料中相关初始语句，在资料的关键概念中不断进行提炼和总结。扎根理论编码主要分为开放性编码、主轴性编码和选择性编码三个编码级别。本研究进行三者交叉编码，通过连续比较的方法进行资料分析。

1) 开放性编码

开放性编码是对资料进行扎根分析的第一个环节，开始时登录的范围比较广，将相关资料都纳入编码当中，随后范围开始不断地缩小，直到初始概念出现了饱和。

通过对院士相关资料的逐句分析和比较，总共识别挖掘出 62 个初始概念。同时，对重复概念进行分析，剔除出现频次少于 3 次的初始概念以及表达内容相似的初始概念，最终得到 20 个初始概念。

2) 主轴性编码

主轴性编码旨在通过挖掘初始概念，建立类属概念以及类属之间的各种关系，即在开放性编码基础上，形成类属并检验类属之间的关系，从而建立类属之间的潜在联系。

将开放性编码获得的 20 个初始概念再次分析、归类，形成 5

个主要类属，分别是"知识坚实、学科交叉""能力复合、思维多元""经验丰富、实践深入""兴趣浓厚、品质优秀""与时俱进、持续发展"。

3) 选择性编码

选择性编码是在开放性编码和主轴性编码之后，提取核心范畴，把各范畴系统整合在一起，基于一定逻辑关系将核心范畴与主范畴、其他范畴进行关联。

经过对所有已发现的概念类属进行系统的分析，选择"核心类属"，所选核心类属具有高度的概括性、统整性，能将其他所有类属纳入其中，同时根据核心类属的涵义、属性，补充不完整的成分。

在分析主轴性编码的基础上，提炼出 5 个核心类属，分别为知识要素、能力要素、实践要素、情感要素、发展要素，具体见表 4-2。

表 4-2　5 个核心类属

选择性编码	主轴性编码	开放性编码	初始陈述语句
知识要素	知识坚实 学科交叉	交叉学科知识	研究涉及多个领域
		理论研究成果	发表论文数量及获奖经历
能力要素	能力复合 思维多元	创新能力	提出并创建某模型、理论、方法
		团队领导能力	担任某组织首席设计师或项目领头人
		快速适应能力	能快速适应新环境
		解决问题能力	突破领域研究瓶颈，成功解决技术难题
		系统性思维	具备项目整体规划和把控能力
		前瞻性思维	具有较强的洞察力和敏锐的判断力

续表

选择性编码	主轴性编码	开放性编码	初始陈述语句
实践要素	经验丰富实践深入	科研深度	长期从事某领域研究
		项目经验	具有某领域项目实战经历
		研究经验	精通在某领域的深度理论知识及实践技能
情感要素	兴趣浓厚品质优秀	态度积极	工作态度认真负责，不惧困难
		职业道德	良好的职业道德，高度的责任心
		工作热情	热衷于自己所研究的领域
		合作精神	良好的沟通和团队合作精神
		钻研精神	良好的自驱力和坚持不懈的实践精神
发展要素	与时俱进持续发展	研究实现新技术	具有优秀的新技术研究和实现能力
		探索前沿领域	能够紧跟领域前沿成果、持续学习
		跨领域实践	跨领域调研技术在相关领域的应用场景，提出解决方案
		持续更新知识	能够在理论、技术的不断发展中更新知识体系

3. 基于文本分析的高端人才简历词云

这一部分分别对中国工程院信息与电子工程学部、机械与运载工程学部中 113 位院士的简历进行文本分析，具体见图 4-4 和图 4-5。

4. 高端人才的共同特点

对中国工程院两个学部院士群体的相关数据进行分析，不难发现这些高端人才具有以下共同特点。

图 4-4　信息与电子工程学部高端人才词云

图 4-5　机械与运载工程学部高端人才词云

1) 素质高

高端人才通常都拥有硕士、博士研究生学历，都接受过高等教育以及相关实践培训，有深厚的专业背景和优秀的学术素养。一般拥有许多荣誉称号和学术头衔，有的被评为全国劳动模范，有的获得国家科技奖；一般多次出版专著，在国际顶级期刊、会议上发表过文章，在学术研究方面有卓越成就的高端人才也会担任一些高水平期刊的主编。

2) 能力强

高端人才不仅具有较高的理论水平，而且具有较强的实践操作能力、创新意识、合作能力和敬业精神。他们大多拥有发明专利，能够带领团队负责国家重大项目研究，为国家信息化的发展做出突出贡献。很多工程科技人才的研究能够应用于军事领域，为我国推进装备制造夯实了技术研发基础。

3) 贡献大

高端人才的研究有可能会在多领域产生无与伦比的影响，推动科技进步和社会发展。除了科研工作方面的成就，高端人才也为我国人才培养做出了巨大贡献，他们在国内高校任教，担任学科带头人、学院院长等职务，并作为博士生导师在各自的领域培养了一批又一批人才。

4) 影响广

高端人才作为专业领域领军人物，其研究可能会填补国内甚至国际某领域研究的空白，会对该领域产生决定性、引导性的影响。高端人才在其专业领域具有话语权，也常被选举为全国人大代表、政协委员等。

5) 稀缺性

高端人才的形成不是一蹴而就的，他们都至少接受过多年的高等教育，经历漫长的学习和知识积累过程。高端人才的培养周期长，培养成本高，这也使得我国高端人才比较稀缺。习近平总书记提出："要加快实施人才强国战略，确立人才引领发展的战略地位，努力建设一支矢志爱国奉献、勇于创新创造的优秀人才队伍。"在工程科技高端人才培养方面，国家自然科学基金委员会为有潜力的科研项目提供资金支持，具有卓越贡献的高端人才还可以享受国务院发放的特殊津贴。国家也设立一些奖项(如国家科技进步奖、"求是"奖、光华工程科技奖等)鼓励科研创新工作。

5. 不同领域人才的区别

通过对比中国工程院信息与电子工程学部、机械与运载工程学部的高端人才"画像"，能够发现高端人才的特点与其专业领域联系密切。信息与电子工程学部的高端人才多研究攻关计算机系统、人工智能、信息与通信等领域的关键问题，为推动我国信息化事业做出卓越贡献，其研究成果能产生巨大的社会效益与经济效益。机械与运载工程学部的高端人才主要研究机械工程、自动化、航空航天、高端武器装备研制等领域的关键问题，能推动我国机械装备制造业发展，攻克我国国防科技事业诸多难关。

(二) 工程科技人才面临的"知行"挑战

近年来,我国工程科技人才培养在学习借鉴美国 STEAM 教育、

CDIO 理念的基础上，以加入"华盛顿协议"为典型标志，在培养拔尖创新工程科技人才方面先行先试，从"卓越计划"1.0、2.0 到新工科改革，工程科技领域的人才培养与新一轮科技、产业革命趋势紧密结合，满足我国工程发展实际需求，在着力解决"卡脖子"难题、推进科技领军人才培养、推动原始自主创新方面发力加速。

然而我国工程科技高端人才面临的挑战主要聚焦在重点行业高端研发设计人才、智能制造和人工智能人才、大国工匠、能工巧匠等人才的缺乏问题上，不仅表现在培养数量方面，而且表现在成长质量方面。

1. 知识架构挑战

从高端工程科技人才的知识架构角度看，亟需充实、加强工程科学、工程原理、系统设计的理念探究、思维训练，着力培育具有独立思考意志、自主探索精神、原始创新能力的高层次科技领军人才，弥补我国高端研发设计人才的严重不足。同时，必须夯实培养一流设计、规划顶层架构人才的工程基础，在工程教育的知识内涵重构上，既要加强应用数学、科学知识解决工程问题的导向性，奠定扎实的数理知识和方法工具的基础，也要融入信息技术、人工智能技术的最新内容和成果；加快推进土木、建筑、机械、能源、化工等传统行业的知识更新与改造，使行业知识体系与信息技术知识体系深度融合；以信息技术提升传统制造技术，以制造技术融入新一代信息技术，促进重点行业的技术赋能、使能，加快传统行业的转型升级；大力培养出一批一流的高端研发设计师、系统架构师，解决高端研发设计人才不足、急缺的顶层问题。

2. 能力体系挑战

从高端工程科技人才的能力体系角度看，亟需弥补、深化产教协同育人的校企合作，推动基础研究与应用基础研究的有机结合，锤炼人才培养与成长中知识应用、知识转化、知识迸发社会生产力的倍增效应，解决知识学习与实践应用之间严重脱节、大学教育与企业需求之间衔接不畅的实际问题。应当在我国工程实际发展的基础上，构架具有新时代中国特色的工程科技发展能力体系，在高端人才发现问题、分析问题、解决问题能力的锤炼上，激发内生动力、攻克创新难题，着力锻造人才的创意设计能力、自主制造能力、执行运作能力、测试保障能力，磨砺其持续学习力、杰出领导力、团队合作力、沟通协调力等多方面的实践能力。

3. 素养组成挑战

从高端工程科技人才的素养组成角度看，亟需增强、完善能激发高端科技人才创新思维、求异思维、批判思维、逆向思维等特殊思维方式的工程前沿激励方法、人文艺术熏陶环境，吸收工程领域的工业文化，培养砥砺自主创新的工业精神。应当为拔尖创新人才的脱颖而出、快速成长创造宽松的氛围和条件，鼓励活跃的科技学术思想、前瞻的原始创新探索、踊跃的技术发明实践，孕育有利于创新精神、创造思维、工匠精神、文化品格诞生的肥沃土壤，为涵养工程科技高端人才必备的素养、品质提供支撑。

三、工程科技人才培养的突破

(一) 工程科技高端人才的特质内涵

当前，造就创新人才、加强自主创新能力建设已成为提升国家核心竞争力的基础与重心，高端人才的能力素质关系到我国能否在激烈的国际竞争中占据有利位置。综合上述分析，工程科技高端人才应当具备的特殊素质，主要体现在以下三个方面。

1. 思维力

思维力也叫思考力，包括理解力、分析力、整合力、比较力、概括力、抽象力、推理力、论证力、判断力、心算力等，它是人脑对客观事物间接的、概括的反应能力。工程科技人才必须具备严密的思维能力，这是工程项目设计和运行可靠性的基本保障。在思维力方面，工程科技高端人才的能力素质主要体现在战略选择能力方面，需要从战略高度综合考虑各方面影响因素，以战略科学家的预判能力为工程建设或事业发展指明道路。

2. 创新力

创新力一般指创新能力，它是技术和各种实践活动领域中，能够不断提供具有经济价值、社会价值、生态价值的新思想、新理论、新方法和新发明的一种能力。创新力是引领发展的第一动力，也是提高竞争力的基础，它是工程科技人才必须具备的一种重要能力。如果一个社会、一个国家陷入固有思维中，没有思想上的转变，那么这个社会、这个国家就无法向前发展，无法创造出一些属于自己的东西。中国是一个制造大国，目前正在从中国制造向着中国创造转变，这就是意识到了创新的重要性。拥有创造力才能使一个民族进步，才能使一个国家、一个社会、一个企业具有竞争力。在当下的人工智能时代，在各个领域、各个行业，正是有了创新，才有了进步与发展，才具有与其他领域、其他国家竞争的资本与能力。

3. 协同力

协同力就是协调两个或两个以上的不同资源和个体，协同一致地完成某一目标的能力。协同在工作中多指互相配合，同一目标，同一步调，同一口径。协同就是消除分歧和差异，在统一领导统一调度下，让自己的工作和整个团队和谐一致。工程科技领域的协同创新不仅关乎技术，更是组织发展的需要。例如，航空航天领域的协同创新，往往直接影响某一产业的升级与技术突破。对工程科技高端人才来说，协同创新的实质是以知识增值为核心的多组织合作。

总体来看，工程科技高端人才的知识能力结构的特质内涵主要包括"知"和"行"两个方面。在"知"方面，表现为学习知识、思维感知、提出问题、分析判断、掌握本质的能力；在"行"方面，表现为构思运作、设计模拟、组织管理、执行实现、解决问题的能力。

(二) 工程科技高端人才培养路径

1. 强化"两个基础"(数理基础、专业基础)

在工程科技人才的知识结构之中，坚实的数理基础、专业基础是根本。数理基础是数学知识和物理学知识的统称，它们是工程技术人员开展学习的重要工具和手段。以数学知识为例，任何人员都必须加强数学学习，学会运用数学符号、公式、定理和语言等来进行分析、运算和思考。人工智能背景下培养出的人才，其创新能力毫无疑问是建立在深厚、扎实的数理基础之上的，否则将无发展后劲可言。专业基础指的是人们通过专业课程的学习获得的各种能力。对于工程技术人员来说，这类课程是专业知识框架形成和对专业理性认识的第一步，在培养环节中对素质培养和能力形成起着十分关键的作用，是树立工程技术人员专业志向、培养其创新能力的重要环节。数理基础和专业基础互为支撑、相互渗透。数理基础对于专业学习至关重要，只有有了良好的数理基础，才能为学好专业技术打下坚实的基础。

2. 提升"两种能力"(综合交叉能力、领导能力)

工程科技人才的能力结构之中，较强的综合交叉能力、领导能力是核心。那么在工程科技人才的培养中，如何才能实现综合交叉能力的提升呢？这就需要在人才培养环节，特别注意通识教育和专才教育的有机结合，实现专通融合。通识教育是学生能力素养的基础，目的是把他们培养成具有广博知识与一流素质的人；专才教育强调的则是技能专长，旨在培养具有精深知识的专业人。只有将通识教育和专才教育有机结合，才能使人才具有较强的综合交叉能力，才能在更广范围内胜任新业态对于人才的高要求。同时，领导能力的培养旨在使人才能在所从事的专业领域具有高尚的境界和深远的眼光，具有国际视野和战略思维，从而具有引领本行业、本领域发展的意识和潜质。这种能力的培养，可以通过加强研究性学习、拓展国际视野等措施来提升。

3. 拓展"一种思维"(学会使用科学的方法论提出问题)

在工程科技人才培养中进行专通融合的教育，必须重视其思维能力的训练。以通识教育为例，这不是简单的文史哲知识的学习，而是要学会运用科学的方法论来思考问题。要引导受教育者善于进行"形而上"学问的探究和理念的升华，导出客观世界的规律和机制。如天体运动是现实，这是"形而下"的，而由此总结出的万有引力定律就是"形而上"的；又如光在接近大的天体和黑洞时，会发生弯曲现象，这是"形而下"的，而爱因斯坦发现的相对论就是"形而上"的。当然，"形而上"和"形而下"也是相对而言的。人文历史学，相对于具体的历史事件和人文活动就是"形而上"的，而相对于社会哲学科学则又是"形而下"的。人类的思维方式有形象思维、形式逻辑思维、辩证逻辑思维等，但总体来说只有思维能力提高了，也就是掌握了科学的方法论，才是最本质的提高。

对于从事科学研究和工程科技的人才来说，必须重视这种思维方式的转变，要学会使用科学的方法论来提出问题、回答问题。你无法回答一个你提不出来的问题，你也无法提出一个你的语言不能描述的问题。问题一般分为三个阶段：提出问题是科学研究的前提，不会凝练问题、不会提出问题，从一定意义上讲就是不会做研究。因为要想吃到兔子，就需先找到兔子。这就需要进行科学研判、熟悉方位，做到心中有指南针。解决问题则是第二步，这时需要研判目标较为精确的距离、方位，以决定用什么样的办法去解决。猜想则是比提出问题、解决问题更深层面的事，因为这时不仅仅是提出问题，而是还要给出基本结论，虽然此时还无法证明猜想是否正确。那么，问题如何才能被提出来呢？办法只有一个，那就是反复观察、深入思考。唯有这样，才能提高我们的思维能力，才能提得出问题，提得出深刻、尖锐而且有价值、有深度的好问题。与之相反，如果在科学研究中提出一个错误的问题，那么就会让接下来的工作陷入"误入歧途"的风险之中。

第五章 面向未来的挑战与思考

人工智能技术与产业的崛起,代表着以信息技术为引领的数字化、网络化、智能化趋势进入更深层次的发展阶段,全球制造强国纷纷出台政策、举措,大力推进人工智能的研发与应用,抢占工程科技未来发展的先机。如今,人工智能在模式识别、知识工程、机器人等方面都取得了显著的成就,但这与真正的人类智能相去甚远,人工智能的未来发展仍有巨大空间,对其的进一步研究与应用依然面临较大的挑战与机遇。

人才是科技进步与发展的核心要素,把握好了人才的培育与应用就能够更好地抓住科技发展过程中的机遇,更从容地面对挑战。在人工智能视域下,工程科技的发展面临着重大挑战,工程教育的改革任务十分艰巨,培养工程领域拔尖创新人才,成为世界范围内工程科技创新的基本出发点和战略制高点,高端人才的竞争将更加激烈,人才培养的比拼也将愈发显著。如何培养工程科技领域的高端人才成为备受关注的焦点。

本书通过对全球人工智能发展现状与趋势的梳理,总结了人工智能、智能制造迅猛发展的内在原因，对照国际工程教育的历史经验和政策举措，对比了我国在工程科技高端人才培养方面的差距与不足，分析制约我国工程科技原始创新进一步发展的主客观障碍，剖析深层次原因和主要矛盾，提出高端工程科技人才"知行"内涵建设的初步思考，探究人才培养过程中知识、能力、素养及思维力、创新力、协同力等要素形成的机制与路径，探索面向未来工程科技创新人才培养的崭新模式与方法，进一步归纳出相关结论，并提出面向未来的挑战与举措。

一、人工智能趋势下中国工程科技人才培养现状

(一) 人工智能的发展前景

人工智能的发展，为全球工业化进程演进、工程科技领域的创新提供了一种赋能技术，有望开辟先进制造和数字化、网络化、智能化发展的崭新视野和路径。

人工智能是建立在计算机科学、控制论、信息论、心理学、语言学和哲学等学科基础上的一门新学科。它主要用于研究如何利用机器(主要是计算机)来模仿和实现人的智能行为。而智能是指能够为人类感知、学习、理解和思考的能力，它是人类有别于其他生物一般特征的独特特征。人工智能的产生和发展首先是一场思维科学的革命，它的产生和发展一定程度上依赖于思维科学的革命，同时它也使人类的思维方式和方法产生了深刻的变革。人工智能是与哲学关系最为紧密的科学话题，集合了来自认知心理学、语言学、神经科学、逻辑学、数学、计算机科学、机器人学、经济学、社会学

等学科的研究成果，是一门研究、理解、模拟人类智能并发现其规律的学科。人工智能于 1956 年由麦卡锡在达特茅斯学院的一次会议上正式提出，目前被称为世界三大尖端技术(基因工程、纳米科学、人工智能)之一。全球人工智能技术的发展，经历了两次高潮、两次低谷，到当前呈现出弱人工智能爆发的趋势，美国、中国、英国、加拿大等国纷纷出台规划政策重点发展人工智能技术和产业，使之成为赋能工程科技创新的颠覆性技术。人工智能在推动先进制造、工业智能化发展的历史进程中成为进一步实现技术演进和产业革命的关键技术，其在各行各业的广泛应用对提升社会生产力、改变生产关系形态、促进社会发展具有重大意义。

　　在算力、算法增强和大数据应用广泛推广的背景下，人工智能在工程科技创新方面所发挥的作用愈发显著，经过几十年的发展，人工智能技术已经应用于当今社会的许多领域。目前人工智能技术除了在搜索引擎、推荐系统、计算广告、人脸识别、图像识别、语音识别、机器翻译、游戏博弈等领域大规模成功应用外，还在蛋白质结构预测、新药发现、国防军工等领域有了突破性的进展。除此之外，在工程科学的系统构建、工程技术的工具支撑、工程应用的领域融合、工程发展的变革创新方面，借助人工智能能获得机器学习、深度学习、数字孪生、虚拟现实、增强现实、混合现实等新技术的强力支撑。未来人机协同、人机融合、人机共生等为数字化、网络化、智能化发展所提供的不仅仅是工具，更是一种新的创意思维模式和变革发展形态。当前的人工智能更应当被视作一种新的发展中的生产力，这种生产力与以往导致生产力革命的新技术有着本质的不同，它是一种可以反作用于人类的生产力，是可以和人类一起共生、共长的生产力。人工智能不只是一种赋能技术，其本身在创造崭新社会形态的同时又能够通过智能能源化的模式服务于不同的应用领域并解决实际问题。

由此可见，人工智能的发展在将来具有十分远大的前景，在这种趋势下，作为发展科学技术关键要素的科技人才也愈发受到重视，人工智能方向的科技高端人才培养与成长面临着重大挑战，工程教育的目标与模式也必将发生重大改革。目前我国工程教育的首要任务就是，解决科技领军人才、拔尖创新人才培养的急难紧缺问题，从而推动工程教育在人工智能视域下的高质量高水平发展。要达成这一目标，选拔培养出能够在人工智能领域独当一面的人才还有很长的一段路要走。

(二) 人才培养迫在眉睫

我国工程科技创新的源泉和基础在于人才，先进制造技术的核心要素、装备制造工程的行业发展、人工智能方向的研究推进，最主要的瓶颈就是高端人才紧缺，培养拔尖领军人才是科技自立自强的当务之急。

工程科技创新是工程发展的不竭动力，工程的设计、建造、管理需要原理、技术、方法、工具等的支持，也需要能源、材料、装备、工艺等要素的更新与集成，工程科技创新不仅仅是知识、技术、方法的创新，也是生产要素的改进与变革，更是工程科技人才知识、能力、素养的创新和积累。发展是第一要务，人才是第一资源，创新是第一动力。习近平总书记曾指出"创新驱动实质上是人才驱动";中央人才工作会议也指出,人才是创新的第一资源,人才资源已经是国际竞争中的重要力量和显著优势。党的十八大以来,党中央始终把抓好人才工作摆在治国理政的重要位置,深入推进新时代人才强国战略,实施了人才发展体制机制改革。人才是创新最核心的驱动力,而高端人才更是工程科技创新最主要的因素。

目前我国工程科技发展在高质量、高水平制造的尖端、核心领域,仍然存在自主核心技术缺乏、高端制造受制于人的"卡脖子"难题,在设计、制造、测试等环节仍有明显短板,工程建造、制造中的材料、装备、工艺等也存在创新发展的瓶颈问题。例如,芯片制造,知识型工业软件,重大装备与仪器,关键基础件,精密制造工艺,复杂系统的设计、控制、测试等,是我国从制造大国迈向制造强国的主要障碍,受到发达国家全方位的限制和围堵。以人工智能的发展为例,在发达国家之中,美国以其雄厚的科技力量为基础,使得自己在全球人工智能领域的竞争中处于领先地位,尤其是其各大互联网公司更是居于世界领先地位。美国与人工智能相关的企业数量约占全球总数的48%,不仅排名全球第一而且与后者拉开了相当大的距离。从中国科学技术信息研究所发布的《2021 全球人工智能创新指数报告》中可以看出,美国人工智能创新指数已连续三年位居全球第一,这与其人工智能人才数量领先、人口参与率较高的特征密不可分。从目前来看,我国在人工智能人才的教育引进方面做了一些工作,人工智能人才规模不断扩大,但因为时间较短,整体质量和美国等发达国家相比还有差距,特别是顶尖级高水平的人工智能学者与发达国家相比还有较大差距。

从这些制约发展的表面现象分析，是材料、装备以及工艺水平居于中低端，未突破高端制造的瓶颈；内在原因是自主核心技术的缺乏、行业产业发展动力支撑不够、整体实力不足以及受到全球供应链系统牵制的严重影响，是客观条件、物质层面的硬件制约而引发的短板问题。但从发展的根本驱动要素来看，高端拔尖人才的缺乏才是真正制约工程发展转型升级、跨越提升的关键。工程教育的创新突破是解决高端人才培养与成长问题的重要途径，工程科技创新的源泉和基础仍在于高端人才，因此不仅要解决当前科技领军人才、拔尖创新人才缺乏的瓶颈问题，也要抢占未来青年一代高端人才培养与成长的前瞻问题。从科教兴国到人才强国，再到新时代人才强国战略，对于人才的发掘与培养有利于我国在激烈的国际竞争中占据优势地位，解决制约发展的各项难题。

(三)　自主创新亟须变革

我国工程教育经历了艰难的历史发展阶段，在学习、借鉴欧美强国工程教育经验和模式的基础上，逐步探索具有中国特色的工程科技人才培养模式，工程科技的自主创新亟须在高端人才的"知行"内涵培养上推动变革发展。

工程教育是培养工程科技高端人才基础知识、能力及形成素养的主要途径，加快工程教育的改革与发展，对于推动工程科技创新意义重大。全球工程教育在长期历史积淀的基础上，正面临着新的挑战，而工程科技高端人才"知行"内涵的构建，恰恰是工程教育改革发展的核心问题。

我国近代工程教育始于清末洋务运动，经过长期发展已成为世界工程教育规模最大的国家，工程教育为经济社会发展输送了大量工程科技人才并做出了重要贡献。我国工程教育是在学习借鉴美国、苏联等国的先进工程教育模式的基础上发展起来的，解决了历史上从无到有、从小到大的急迫问题，支撑起国家工业制造、产业振兴、工程发展的重大任务和使命，也积累了符合中国实际需求的基础和经验。进入 21 世纪，面对新一轮科技与产业变革方兴未艾、工程科技创新风起云涌的巨大变革与挑战，这种变化的趋势促使我国工程教育转型升级、改革创新，探索建设具有新时代中国特色的工程教育新模式。

当前，我国的工程教育在取得举世瞩目的成就的同时也面临着诸多深层次与结构性的矛盾。我国科技领军人才、拔尖创新人才紧缺，亟须培养能独立提出问题、分析问题、解决问题的工程科学家、卓越工程师和一流的大国工匠等。以人工智能产业为例，2020年"人工智能全球 2 000 位最具影响力学者榜单"中我国学者仅有 171 人。此外，在工程科技的实际发展中，高端研发设计人才，面向智能制造、人工智能的拔尖创新人才，大国工匠、能工巧匠等"高精尖"人才十分缺乏，这也严重制约着国家先进制造、实体经济振兴的高质量、高水平发展。而这些高端人才的知识获取与运用能力、创新创造能力、人文素养等"知行"内涵的教育和培养，是一个更为重要和迫切的重大课题，这些人才的创新意识、家国情怀、探索精神、批判思维、实践能力、综合素养关乎当前突破瓶颈问题的攻坚，也关乎未来科技自主创新前沿的发展。因而，如何构建具有中国特色的高质量工程教育自主体系，是工程科技创新的巨大挑战之一，也是高端人才培养的核心。我国亟须推出适应形势发展、应对未来挑战的创新举措，探索如何创建具有新时代中国特色的高质量工程教育体系。由于相关政策的顶层设计相对薄弱，与我国发展相适应的、全面的、系统的工程教育战略架构尚未形成，在产学研融合、工程人才培养质量、实践指导能力、工程教育文化内涵等方面仍有较大的探索与提升空间。

（四）顶层设计亟待加强

人工智能视域下，如何开展科技领军人才、卓越工程师、拔尖创新人才、大国工匠等高端人才的培养、教育，对于科技自主创新、自立自强意义重大，因而需要加强顶层规划、系统设计，推出强力政策、举措予以加快推进。

高端人才的培养与成长具有自身的规律和特点，依照有助于高端人才成长的模式来实施工程教育培养，不仅是人才成长的客观要求，也是工程教育高质量发展的必然趋势。要实现从制造大国走向制造强国的战略目标，实现高水平科技自立自强，我国工程教育亟待在结构、模式、队伍、文化等方面实现系统性变革和提升。

人工智能技术与产业对传统产业、社会发展的颠覆式变革，促使工程教育的高质量发展必须从面向未来工程科技发展的顶层思考和规划设计上实施变革，以适应新技术、新制造、新产业的变革需求。而当前我国工程科技所承担的驱动工业制造转型升级、迭代发展等艰巨任务，需要将新一代信息技术、人工智能技术深度融入重点行业、战略性新兴产业的振兴进程中，结合国家《新一代人工智能发展规划》的落实推进，大力培养科技领军人才、卓越工程师、拔尖创新人才和大国工匠、能工巧匠等高端人才；需要在产业创新重点任务揭榜、促进人工智能和实体经济深度融合政策举措的基础上，深入探索构建工程科技高端人才协同教育、培养、成长的体制机制，出台系统方案、强化顶层设计，重构高端人才知识、能力、素养的"知行"内涵，提升教育质量，解决面向未来发展的工程科技高端人才培养问题。

总之，人工智能掀起了新的颠覆性技术与产业革命，数字化、网络化、智能化发展趋势已越来越快地渗入工程科技发展的各个领域。工程科技高端人才的培养，亟需以需求为牵引，解决先进制造的核心制约难题，加快关键技术的自主、原始创新，加快工程科技的实践应用，加快推进战略性行业的迅猛发展；以"高精尖缺"人才供给、培养和未来工程科技的创新发展为目标，主动构建新时代工程教育改革的崭新体系和模式，为建设中国特色社会主义强国提供强有力的人才和知识支撑。

二、拔尖人才培养实施路径

（一）构建"中国体系"和"中国路径"

工程科技领军人才、拔尖创新人才，是我国解决"卡脖子"难题、掌握自主核心技术、实现科技自立自强发展的核心要素，其培养与成长具有特有的规律。在知识基础、专业背景、批判思维、独立思考、实践能力、创新精神等方面需要经历一个逐渐积累、锤炼、提升的艰难、复杂过程。我国工程科技的领军拔尖人才与世界制造强国相比，存在明显差距，人才培养与成长的科学机制还不够完善，人才发展的驱动力、主动性不高，致使原始创新能力不强、创新体系效能不高，"钱学森之问"所揭示的现象值得深入思考，破解高端人才培养的瓶颈难题需要系统布局、重点突破、持续发力。

(1) 大力突破"卡脖子"瓶颈，推进高端制造重大工程，锤炼、锻造科技领军拔尖人才。要解决高端制造"卡脖子"瓶颈问题，应在芯片制造、知识型工业软件、重大装备与仪器、关键基础件、精密制造工艺、复杂系统设计、控制与测试等核心工程技术上实施"揭榜挂帅"，在电子制造、机械运载、航空航天、生物医疗等重点领域实施科技攻关重大工程和重大专项，通过高端制造重大工程的推进实施，解决我国先进制造"缺心少魂""气血不足""关节不强"以及美国实体清单等带来的不利影响的问题。布局高端制造关键核心技术突破的实施路线图，逐步解决关键核心技术受制于人的不利局面，在加强自主创新的进程中，将高端人才的培养、锤炼与重大工程项目的推进实施紧密结合，使人才发展具有广阔的施展才能的舞台，让高端人才的成长与国家科技自立自强、突破国外技术封锁等目标归于统一、达成一致，切实解决国家面临的重大难题，同时也培养起一大批杰出的科技领军拔尖人才。

(2) 以智能化为目标，鼓励、支持高端人才开展学术无人区、前瞻颠覆性技术和工程的大胆研制。适应数字化、网络化、智能化的发展挑战，强化工程科技领域的探索、改革、创新，倡导大胆探索、前瞻研发，在量子科技、人工智能、新能源、新材料、新工艺等未来工程科技发展的前沿方向上，鼓励高端人才先行先试、创意探索，涌现奇思妙想、尝试原始突破，积极营造宽容失败、鼓励创新的浓郁氛围；建立不同于现有科研管理体制的"试验区"，推动前沿技术更加自由、更加灵活、更具有创新意识和创造精神的改革实践，让高端人才的潜能、潜质和主动想象力、创新力、创造性得到人尽其才、才尽其用的发挥和辐射，为科技自主发展创造更加广阔的前沿空间，提供坚强有力的条件保障。

(3) 以先进制造需求为牵引，强化行业特色工程发展，深化工程实践原始创新。工程科技发展的深厚土壤在各行各业、制造企业的一线领域，没有实体制造的巨大支撑，就没有工程科技的未来发展，也就没有实体经济的繁荣振兴。制造业是国家经济与社会发展的命脉，发展国家先进制造，必须根植于行业领域的工程基础，实施高水平特色发展，在解决行业核心技术、共性问题上取得重大进展，深化工程实践的原始创新。通过先进制造需求牵引，实现行业企业转型升级、提升跨越，在"制造大国"取得显著进展的基础上，向"制造强国"战略目标全力迈进。与此同时，要为工程科技高端人才的培养与成长打造"中国创造"的工程科技升级版体系，探索构建工程科技自主自强发展的"中国路径"。

(二) 培养工程科学家和卓越工程师

为应对工程科技数字化、网络化、智能化发展趋势以及人工智能等颠覆性技术发展的巨大变革，应着力培养出一大批紧缺的智能制造、人工智能人才，以及战略性新兴行业的工程科学家、卓越工程师。

工程科技高端人才的培养、成长需要高质量高水平的工程教育，工程是创造未来的，而工程教育是培养未来工程发展所需的领军拔尖创新人才的。我国工程教育亟须在夯实基础、强化特色、自主发展、改革创新上走出一条符合中国实际、面向未来挑战的自主道路。

(1) 夯实学科教育基础。应借鉴美国 STEAM 教育先进做法，针对我国工程教育基础薄弱、潜质欠缺、创新不足的状况，加强数理知识基础、工程知识基础、人文艺术基础等综合知识、综合素养教育，强化大学教育培养方案中的工程导论、数理课程、人文艺术等内容设置和教学环节，构架培养目标、培养方案与课程体系协调一致的教育系统，夯实学科基础，建立广博的工程视野，构筑坚实的工程根基，为工程科技高端人才培养打牢学科知识基础。

(2) 强化行业特色实践。行业知识、专业技能是工程科技发展的必要支撑，是先进制造知识、经验、工艺、方法的提炼和固化，代表着行业特色发展的精髓和积淀，需要在人才培养的代际传承中不断予以继承、完善、更新、提升。应聚焦我国工程科技的重点行业、战略性新兴产业领域，发挥行业领域科技领军企业的研发、制造优势，与高水平研究机构、行业特色型大学协同发挥育人优势，打通校企协同发展瓶颈，将重点行业领域发展所需的技能、技艺、行业知识、专业经验予以固化，加快行业软件的知识化提炼、智能化提升，注重行业特色实践的成果提取，为工程实践的创新发展提供强大的数据库、模型库、知识库、经验库等软件支撑。

(3) 实施工程教育的创新改革。在新工科发展背景下，工程教育的创新改革应当围绕新一轮科技与产业革命的发展趋势，在进一步加强学科专业国际认证、借鉴 CDIO 教育模式的基础上，重点针对我国工业制造迭代发展、转型升级的实际需求，加快信息技术、智能制造、人工智能与先进制造技术的深度融合，突破先进制造的关键创新链，为培养我国制造强国亟须的"高精尖缺"人才、未来发展需要的拔尖创新人才做出战略调整，在培养目标、培养方案、课程体系、实践环节等方面更新升级，增加、完善智能制造、人工智能以及前沿颠覆性技术的知识内涵与技能教育，大力培养智能制造、人工智能人才，以及影响未来发展的战略性新兴行业的工程科学家、卓越工程师，为这些工程科技高端人才的知识、能力、素养的积累、训练提供工程教育的全面支撑。

(三) 完善高端人才培养体系

强化国家的工程技能型人才培养，要将具有高素质、高技能的大国工匠、能工巧匠的培养列入高端人才发展的体系之中，重视高职、高专拔尖人才培养与高水平行业特色型大学教育发展的紧密衔接，完善高端人才的衔接链。

先进制造中不仅需要工程科学家、系统设计师、卓越工程师，也需要大批技能一流、技艺超群的大国工匠、能工巧匠和高素质的技术工人，需要执着于实现精湛制造的工程技师。而在我国工程科技发展中，大国工匠、能工巧匠的培养一直是一个难以解决的重要问题，在发展制造强国战略中亟须补齐这一短板。

(1) 弘扬工匠精神，提倡工业文化。首先，在观念上，要确立正确的人才观，弘扬工匠精神，突出强调高素质技能型人才在高端人才系统中的地位与作用。其次，在加强高职高专教育的同时，要强化对工匠精神的社会肯定与价值引导，塑造与新时代工业文明、工业精神相适应的技能人才培养理念。再次，要深化对高素质技能人才培养的重视与支持，出台政策、举措支撑高素质技能型人才体系的建设。

(2) 锤炼制造技能，培养高端技师。高职高专院校与行业特色型大学在高素质技能型人才培养上，既要突出行业特色，也要注重创新发展。不仅要以就业为导向，加大对人才培养的专业技能训练、动手能力锤炼，也要在理解、把握先进制造系统、工程科学原理、设计制造思路等方面突出实践、加强衔接，打通技能型人才与设计型人才、工程师人才之间的衔接通道，按照高端技能人才培养成长的客观规律，大力加强市场急需的高素质技能人才培养力度，为制造强国提供扎实的基础支撑。

参 考 文 献

[1] 李培根，陈立平. 在孪生空间重构工程教育：意识与行动[J]. 高等工程教育研究，2021(03)：1-8.

[2] 李德毅，马楠. 智能植根于教育[J]. 高等工程教育研究，2019(06)：1-3，43.

[3] 李培根. 未来工程教育的几个重要视点[J]. 高等工程教育研究，2019(02)：1-6.

[4] 朱高峰. 中国工程教育发展改革的成效和问题[J]. 高等工程教育研究，2018(01)：1-10，31.

[5] 朱高峰. 中国工程教育的现状和展望[J]. 清华大学教育研究，2015，36(01)：13-20.

[6] 黄蔚. 人工智能列为"最高优先级"，高等教育如何担当作为？[J]. 记者观察，2021(08)：74-76.

[7] 李明慧，曾绍玮. 国外高等工程教育与产业的契合经验及启示：基于德国、美国、法国三国的分析[J]. 中国高校科技，2020(04)：54-58.

[8] 张照旭，蔡三发，李玲玲. 减负·提质·增效：日本工程教育专业认证的改革路向[J]. 高等工程教育研究，2020(06)：162-167.

[9] 张满，乔伟峰，王孙禺. 引领工程教育创新发展　培养一流工程科技人才[J]. 高等工程教育研究，2019(02)：117-123.

[10] 杜岩岩. 俄罗斯工程教育全球战略的目标及实施路径[J]. 教育研究，2016，37(04)：134-139.

[11] 蒙有华，王正青. 印度高等工程技术教育的发展历程、类型层级及主要特征[J]. 教育评论，2021(01)：154-162.

[12] 张炜，吕正则. 面向工业 4.0 的高等工程教育变革趋势与应对策略[M]. 浙江：浙江大学出版社，2020.

[13] 殷瑞钰，李伯聪，栾恩杰，等. 工程知识论[M]. 北京：高等教育出版社，2020.

[14] 殷瑞钰，李伯聪，汪应洛，等. 工程方法论[M]. 北京：高等教育出版社，2017.

[15] 殷瑞钰，汪应洛，李伯聪，等. 工程哲学[M]. 3 版. 北京：高等教育出版社，2018.

[16] 李廉水，刘军，程中华，等. 中国制造业发展研究报告 2020[M]. 北京：科学出版社，2020.

[17] 宋振东. 钱学森大成智慧学研究[M]. 北京：人民日报出版社，2018.

[18] 王新哲，孙星，罗民. 工业文化[M]. 北京：电子工业出版社，2018.

[19] 中国软件行业协会教育与培训委员会. 人工智能企业技术岗位设置情况研究报告[R]，2020.

[20] 中国人工智能学会，中国工程院，清华大学人工智能研究院. 中国人工智能发展报告[R]，2020.

[21] 教育部，人力资源社会保障部，工业和信息化部，等. 制造业人才发展规划指南[R]，2017.

[22] 科学技术部. 中国科技人才发展报告(2018)[R]，2018.